Der Schnell-Dolmetscher: Hundesprache übersetzt!

Guten Tag!

Was für uns Worte sind, sind für Hunde Körperhaltung und Düfte. So ist gegenseitiges Beschnüffeln – vor allem an den Geschlechtsteilen und unter der Rute – wie ein Händedruck und ein freundliches: „Guten Tag, wie geht es Ihnen?“

Ich freu mich!

Eine wedelnde Rute = ein fröhlicher Hund. Genauer gesagt: ein Hund, der positiv aufgeregt ist. Dieses Wedeln zeigen Hunde bereits als Welpen beim Milchtrinken. Dabei ist die Rute auf Höhe des Hundekörpers und bewegt sich schnell.

Mit Freunden laufen!

Ist die Begrüßung freundlich ausgefallen und sind die Hunde sich sympathisch, entwickelt sich aus der Begegnung oft ein Spiel. Dabei gehören Laufspiele zu den Lieblingsspielen unter Hunden: Mal rennt der eine weg und wird verfolgt, mal der andere.

Ich bin sooo harmlos!

Dieser auf dem Rücken liegende Welpe zeigt der Bordeauxdogge seine Kehle und seinen Bauch und sagt dadurch: „Lieber Fremder, ich bin ganz klein und harmlos.“ Zudem leckt er ihr die Maulwinkel, ein weiteres Beschwichtigungssignal unter Hunden.

Ich bin unsicher!

Der schwarze Hund zeigt bei der Begegnung mit der Dogge deutlich Unsicherheit. Er macht sich klein, die Rute wedelt auf Halbmast, die Ohren sind angelegt und die Stirn ist lang nach hinten gezogen. Seine ganze Körperhaltung zeigt, dass er sich nicht besonders wohlfühlt.

Wir sind höflich!

Seitliches Stehen, in Bögen aufeinander zugehen – all das gehört zum Höflichkeitsritual unter Hunden. Man versichert sich gegenseitig, in bester friedlicher Absicht zu kommen und macht das auf dem indirekten Weg. So blicken sich fremde Hunde auch nicht in die Augen.

Ich hab was gegen Dich!

Es ist unübersehbar, wenn Hunde stark drohen. Sie zeigen die Zähne, machen sich groß, verlagern das Gewicht nach vorn – sie bauen sich auf und knurren. Mit den Augen wird der „Gegner" fixiert. Dieser Schäferhund zeigt seine Aggression deutlich und ist auf Angriff eingestellt. Höchste Zeit für einen Rückzug!

Ist mir heiß!

Der hechelnde Hund schwitzt. Über die feuchte Zunge kühlt er die eingeatmete Luft und so sich selbst. Hecheln heißt also nicht: „Ich habe Durst!", obwohl ein Hund bei warmem Wetter immer viel Wasser braucht. Beim Training kann das Hecheln zeigen: „Ich bin gestresst und überfordert!"

Ich freu mich so, Dich zu sehen!

Wolfseltern füttern ihre Welpen mit vorgekautem Fleisch, das sie hervorwürgen, wenn sie vom Beutezug zurückkehren. Die Wolfswelpen begrüßen sie, indem sie an ihnen hochspringen und am Maul lecken. Noch heute ist Hochspringen und an den Mund stupsen bei Hunden ein Zeichen höchster Wiedersehensfreude.

Inhalt

1

2

3

1

Der höfliche Hund

Körpersprache zur Verständigung

Ein Leben im Rudel

Im Wolfsrudel ist es wie in der Familie: Jeder hat seine Aufgaben und meistens geht es freundlich zu.

Körpersprache dient der Verständigung und der Konfliktvermeidung.

Hunde stammen von Wölfen ab und Wölfe sind Rudeltiere. Das wissen Sie sicher schon längst, ein alter Hut sozusagen. Doch haben Sie sich schon mal überlegt, wie ein Rudel funktioniert?

Rudelleben

Das Leben im Rudel bietet enorme Vorteile: Viele Wölfe können sich besser verteidigen als ein einzelner; gemeinsam ist die Chance höher, ein großes Beutetier zu reißen, weil sie strategisch jagen können. Dadurch ist eine bessere Versorgung des Rudels und der Wolfswelpen gewährleistet und somit können sie sich erfolgreicher fortpflanzen. Im Rudel ist es wie in einer Familie. Jeder hat seine Talente und seine Aufgaben, die er übernehmen muss. Eine klare Rollenverteilung erleichtert das Leben. Damit das Zusammenleben klappt, gibt es eine Hierarchie. Vor einiger Zeit war man noch der Meinung, dass es einen Alphawolf gibt, der das Sagen hat, und die anderen Wölfe linear untergeordnet sind, doch das stimmt aus heutiger Sicht nicht mehr. Wenn Wolf 1 in der Hierarchie über Wolf 2 und Wolf 3 steht, bedeutet das nicht, dass auch Wolf 2 über Wolf 3 ist, wenn die beiden allein sind. Sie können zum Beispiel den gleichen Rang einnehmen. Wolf 1 ist zwar der Ranghohe, doch das heißt nicht, dass er in jeder Situation und zu jeder Zeit der Dominante ist. Hat zum Beispiel

Wolf 3 einen Knochen, den er verteidigen möchte, und Wolf 1 ist gerade nicht hungrig, trollt er sich und überlässt dem meist Unterlegenen seine Beute. Beobachtet man eine Gruppe, kann man sagen, dass Wolf 1 zu 90 % als der im Status Höhere hervorgeht.

Verständigung im Rudel

Damit das Leben im Rudel reibungslos funktioniert, mussten die Tiere lernen sich zu verständigen. Gäbe es jedes Mal eine körperliche Auseinandersetzung, wenn es um einen Knochen, einen Partner oder Sonstiges geht, wären Rudeltiere nur mit Kämpfen beschäftigt. Die Tiere würden unnötig Energien verschwenden, die sie zum Jagen, Junge-Aufziehen oder Revier-Verteidigen brauchen. Daher haben sie ein ausgefeiltes und stark ritualisiertes Kommunikationssystem entwickelt.

Albern unter Wölfen: Auch junge Wölfe spielen miteinander und lernen so, ihre Körpersprache zu verfeinern.

Du bist der Chef: Das unterlegene Tier zeigt oft durch Beschwichtigungssignale, dass es den Ranghöheren als solchen anerkennt. Und das geschieht freiwillig!

→ Dominanz und Subdominanz

Die Begriffe Dominanz und Subdominanz charakterisieren das Verhältnis zwischen zwei Tieren, die sich im Lauf mehrerer Begegnungen festsetzen. Ein Tier allein kann nicht dominant sein! Die Aussage: „Mein Hund ist dominant!“, ist also Unsinn.

Das ranghohe Tier

Der Rudelchef ist ein souveräner Chef, aber das heißt nicht, dass er der beste Kämpfer ist. Im Gegenteil: Er ist umsichtig, souverän, kann gut kommunizieren, hat vielleicht besondere Fähigkeiten bei der Jagd und kann Situationen gut abschätzen. Das gibt dem Rudel Sicherheit. So ein Chef wird vom Rudel anerkannt, man folgt ihm gern. Das zeigen die Rudelmitglieder auch durch submissives (unterwürfiges) Verhalten. Sie machen sich klein, lecken ihm über die Schnauze, wedeln mit der Rute, legen sich auf den Rücken. Nicht weil der Chef es aktiv verlangt, sondern freiwillig, um ihm zu zeigen, dass sie ihn anerkennen.

Austausch

Wölfe und Hunde sprechen durch Körpersprache. Es gibt festgelegte Signale, mit denen die Tiere ihre Absicht und ihre Empfindungen ausdrücken können und die der andere auf Anhieb versteht. Allerdings muss auch diese Sprache geübt werden, damit die Feinabstimmung stimmt und die Tiere nicht aneinander „vorbeireden“.

Sehen ohne hinzuschauen

Kennenlernen unter Hunden

Die erste Begegnung beginnt schon von weitem und läuft streng ritualisiert ab.

Nach dem ersten Blickkontakt begegnet man sich über Umwege und viel Schnüffeln am Wegesrand.

Wenn Hunde „sprechen“, nutzen sie ihren ganzen Körper und wiederkehrende Bewegungsabläufe. Natürlich, Hunde können bellen, knurren oder heulen, doch diese Laute nutzen sie nur selten, wenn es um die Kommunikation unter Hunden geht. Sie setzen viel eher die Augen und das Maul mit den Zähnen, das Gesicht bis zu den Ohren, das Fell und die Stellung der Rute ein. Daraus ergibt sich ein klares Gesamtbild. Mit der gesamten Körperhaltung senden sie deutliche Signale an den anderen Hund. Je besser ein Hund seine Körpersprache beherrscht und die Sprache anderer Hunde lesen kann, desto friedlicher laufen Begegnungen mit fremden Hunden ab. Schließlich hat er vor allem eines gelernt: Höflichkeit unter Hunden. Und die beginnt beim ersten Kennenlernen.

Schon von Weitem

Oft beginnt ein Hundekontakt, bevor wir Menschen es überhaupt merken. Hunde können Bewegungen in sehr großer Entfernung wahrnehmen. Das heißt: Sie erkennen zwar den still im Gras hockenden Hasen einige Meter vor ihrer Nase nicht, wohl aber das ganz am Ende des Feldes hakenschlagende Wildkaninchen – und das sehen sie richtig scharf. Sie sind im Grunde noch immer auf die Jagd spezialisiert (und zwar alle Rassen). Nimmt ein Hund im Augenwinkel die kleinste Bewegung wahr, reagiert er sofort und taxiert, ob es ein Artgenosse ist, der sich nähert. Er prüft: Kenne ich ihn oder sie oder ist der Hund mir fremd? Bereits in diesem Moment beginnt das Kennenlernen und damit das Kennenlernritual.

Haben sich die Hunde langsam angenähert, beginnt das nähere Kennenlernen: Erst wird am Kopf geschnuppert, dann am Hinterteil.

Man merkt es daran, dass der Hund ein Stück nach vorn in Richtung des anderen Hundes sprintet und ihn fokussiert.

„Ich geh mal an die Seite“

Das ist die nächste Reaktion. Nach dem Sprint und der Feststellung: „Ja, da kommt ein fremder Hund“, wird das ganze Paket an Höflichkeiten ausgetauscht. Manche Hunde laufen am Wegesrand entlang. Schnuppern halbherzig hier und da, gehen dabei immer weiter in die Richtung des anderen Hundes. Höfliche Hunde, die eine souveräne Körpersprache, (gute) Erfahrungen mit anderen Hunden und ein festes Wesen haben, begrüßen sich normalerweise nicht auf dem direkten Weg, sondern über einen Umweg am Wegesrand. Einige Hunde bevorzugen die „Stop-and-go-Methode“. Das heißt: Kaum sehen sie den anderen Hund näher kommen, legen sie sich hin, schauen zur Seite. Dann gehen sie wieder nach vorn und legen sich erneut hin – und so weiter. Damit erweisen sie sich als höflich und souverän, denn sie machen sich bewusst klein und signalisieren, dass sie friedlich sind.

Lieber auf Nummer sicher!

Bei dem Kennenlernritual kommt es darauf an, die Positionen festzulegen, Klarheit zu schaffen und Missverständnisse zu vermeiden. Oft entstehen Missverständnisse unter Hunden aus Unsicherheit und das führt zu den meisten Beißereien. Es ist nicht so, dass gerade zwei ranghohe Hunde besonders oft in Streit geraten, sondern eher zwei unsichere Hunde. Entweder verstehen sie die Körpersprache des anderen nicht, oder sie senden aus Unsicherheit Botschaften aus, die der andere missversteht. Darum: Lassen Sie Ihren Hund als Welpen bereits mit anderen, gut verträglichen Hunden zusammen frei laufen und spielen. Dabei lernen sie fürs Leben.

„Hallo" ohne Worte

Der Duftkontakt

Bei der ersten Begegnung trägt der Australian Shepherd die Rute ziemlich hoch (Imponieren). Der Islandhund schnuppert erst am Kopf und legt ihm dann den Kopf auf den Rücken (ranganmaßende Geste).

Man hat sich gesehen, man hat schon von Weitem und während des Annäherns deutlich gezeigt, dass man in friedlicher Absicht unterwegs ist. Nun folgt das „Finale": die Begrüßung. Natürlich ist sie ein „Hallo" ohne Worte und vor allem ohne Bellen. Aber: Ein typisches Ritual, wie unseren Händedruck, gibt es unter Vierbeinern auch.

Der letzte Bogen

Wie die gesamte Annäherung wird vor dem direkten Aufeinandertreffen noch ein letzter Bogen geschlagen. Das heißt: Die Hunde gehen nun nicht schnurstracks aufeinander zu. Sie laufen schräg zum anderen und stehen dann eher Seite an Seite als Kopf an Kopf. Jetzt beginnt statt Händedruck das große Schnüffeln und Beschnüffeltwerden. Den Anfang machen die wichtigsten Stellen: am Kopf, unter dem Bauch, hinten zwischen den Beinen, an und unter der Rute. Dabei bleiben die Hunde in Bewegung und unterbrechen – gerade bei Rüden – dieses erste Beschnüffeln immer wieder durch flüchtiges Markieren und Übermarkieren am Wegesrand. Sehr junge oder unsichere Hunde legen sich beim Beschnüffeln schnell auf den Boden und zeigen ihren Bauch. Damit signalisieren sie ihre Unterlegenheit.

Was noch passiert

Während Hunde prüfen, ob sie den anderen riechen können (oder vielleicht seine Duftmarke an dem einen oder anderen Baum bereits gerochen haben), checken sie, wer von beiden der Ranghöhere ist. Bei manchen Begegnungen ist es sofort klar, zum Beispiel, wenn sich ein sicherer und ein unsicherer Hund treffen. Der eine zeigt durch eine aufrechte Körperhaltung, dass er das Sagen hat, der andere

Werden Sie Beobachter!

Tipp

Schauen Sie Ihren und andere Hunde genau an.

- → Was macht Ihr Hund?
- → Welche Signale zeigt sein Körper?
- → Mit welchen Haltungen bzw. Bewegungen reagiert der andere Hund?

Sie werden besser verstehen, was zwischen zwei Hunden „gesprochen" wird, und können im Zweifel schnell eingreifen. Also: Augen auf!

gesteht ihm die Position gleich zu, indem er sich kleiner macht und sich eher passiv verhält. Sind die beiden gleich stark, wird ausgetestet. Man imponiert mit erhobener Rute, stakst umher, versucht, dem anderen den Kopf aufzulegen. Weicht der andere aus oder lässt er es sich gefallen? Behalten Sie die Ruten im Auge: Bleiben sie wedelnd in Bewegung oder stellen sie sich auf? Ein spannender Dialog beginnt.

Kein Blickkontakt!

Was auch immer Sie jetzt beobachten können, Sie werden keinen direkten Blickkontakt in dieser Begegnungsphase erleben. Das ist eine wesentliche Regel im Hundeleben, die auch wir Menschen beherzigen sollten: Egal wie schön die Augen des Hundes sind, schauen Sie nicht hinein. Denn Hunde erleben den direkten Blickkontakt als Bedrohung.

Bitte gehen Sie weiter!

Bleiben Sie bei Begegnungen weder stehen noch schauen Sie die Hunde konzentriert an – auch wenn es noch so faszinierend ist oder Sie vielleicht angespannt sind, ob es wohl gut geht. Durch das Stehen und Starren können Sie eine Spannung erzeugen, die sich auf die Hunde überträgt. Besser: Sie gehen locker und langsam weiter. Rufen Sie Ihren Hund nicht zu sich, während er mit dem Begrüßen und Beschnüffeln beschäftigt ist. Sie werden keinen Erfolg haben. Ist die Begrüßung abgeschlossen, beschleunigen Sie Ihren Schritt und rufen Ihren Hund freundlich, aber bestimmt zu sich. Er wird kommen.

→ Ausnahme Podenco

Podencos sind Sichtjäger und suchen auch bei der ersten Begegnung Blickkontakt mit fremden Menschen und fremden Hunden. Das Resultat: häufig aggressive Reaktionen der anderen Hunde. Also, aufgepasst!

Danach sind die Fronten geklärt und ein Spiel beginnt.

Zwei, die sich verstehen

Ich mag dich!

Ist das ritualisierte Aufeinanderzugehen, Beschnüffeln und Festlegen des Ranghöheren abgeschlossen, ist klar: Die Hunde fühlen sich wohl – oder nicht. Sind beide Hunde zu dem Schluss gekommen, dass sie gut miteinander können, sieht man das deutlich. Die Ruten sind entspannt auf Rückenhöhe oder tiefer, die Ohren liegen am Kopf, der Blick schweift umher. Sie spüren es sofort: Es gibt ein lockeres Miteinander.

Unter Freunden duldet und schätzt man körperliche Nähe und teilt sogar das Spielzeug.

Körperliche Nähe

Hat ein Hund zum anderen Vertrauen gefasst, wird aus Körpersprache körperliche Nähe. Beispielsweise schnüffeln fremde Hunde nur nacheinander an einer interessanten Stelle. Je besser sie sich kennen, desto eher schnuppern sie Seite an Seite und teilen friedlich ein Spielzeug oder den Stock miteinander. Leben zwei Hunde im Familienrudel, sieht man sie häufig zusammenliegen. Körperkontakt und körperliche Nähe sind für Hunde ein echtes Bedürfnis. Zwischen befreundeten Hunden wird gegenseitige Körperpflege (Allogrooming) durch Beknabbern und Belecken ausgetauscht. Das stärkt die Bindung zwischen den beiden.

Spielen unter Freunden

Ebenso gehört das gemeinsame Spiel zu Hundefreundschaften. Welpen und Junghunde wollen noch mit jedem spielen, Erwachsene und ältere Hunde spielen nur noch ab und zu, und das mit ausgewählten Hundefreunden. Im Spiel geht es ganz schön zur Sache: Verfolgen, Rennen, Jagen, Rempeln, Beißen – die ganze Palette hündischen Jagd- und Angriffsverhaltens. Der Unterschied zum Ernstfall: Im Spielmodus wird stark übertrieben und die Rollen zwischen Verfolger und Verfolgtem wechseln, so auch die Mimik und Körpersprache.

Kontaktliegen **Tipp**

Legen Sie sich zu Ihrem Hund! Dieses Kontaktliegen, das Hunde untereinander praktizieren, schafft zwischen Zwei- und Vierbeinern Nähe und zeigt Vertrauen. So können Sie die Bindung zu Ihrem Hund stärken – ganz entspannt!

Nichts scheint zusammenzugehören: Zähne werden gezeigt und es wird lauthals geknurrt, dabei wedelt das ganze Hinterteil, zwischendurch gibt es lustige Hüpfer, dann explodiert alles zu einer wilden Verfolgungsjagd.
Behalten Sie das Spiel auf jeden Fall im Auge, falls doch Konfliktpotenzial aufkommt. Woran Sie erkennen, dass die Stimmung kippt? Beginnt sich dieser Ablauf deutlich zu verlangsamen und die Hunde verharren in einer Position, greifen Sie ein. Auch wenn ein Hund die ganze Zeit gejagt und überrollt wird, ist das kein Spiel mehr und er findet es nicht mehr lustig. Nehmen Sie ihn aus der Situation heraus.

Spielen übt fürs Leben

In seinem Buch „Hundeverhalten von A bis Z" schreibt der Ethologe und Verhaltensbiologe Roger Abrantes: „Spiel ist eine ernsthafte Beschäftigung." Es ist kein Hobby oder gar eine unkonzentrierte Spielerei. Das Ernsthafte am Spiel zeigt sich in zwei Facetten: Zum einen gibt das Spiel Welpen die Möglichkeit, sich in hündischer Kommunikation – also Körpersprache und Sozialverhalten – zu üben. Das prägt fürs Leben.

Im Spiel ist fast alles erlaubt: Springen, Rennen, Verfolgen – mit wechselndem Rollenspiel.

Daher ist es wichtig, dass Welpen mit Wurfgeschwistern und anderen jungen Hunden spielen und sich ausprobieren können. Zum anderen ist das Spiel für erwachsene Hunde eine Chance, neue Verhaltensweisen zu erproben, ohne dass gleich ernste Konsequenzen auf das getestete Verhalten folgen. Ob eine bestimmte Handlung zur gewünschten Reaktion führt, kann ein Hund im Spiel ausprobieren und dann im Alltag nutzen oder es lieber lassen. Das ist typisch für das Lernverhalten des Hundes: Er lernt durch Versuch und Irrtum. Ist er mit seinem Verhalten erfolgreich, wird er es wiederholen – gerade bei der Körpersprache.

Das sieht man gleich
Sorry, kein Interesse

Der schwarze Hund ist sehr unsicher und beschwichtigt stark. Dieses übertriebene Verhalten sorgt bei der Bordeauxdogge für Desinteresse.

Zwischen Freund und Feind liegt bei Hunden ein weites Feld: das neutrale Desinteresse. Es gibt eben einfach Hunde, die zwar nichts gegeneinander haben, doch sie können auch nichts miteinander anfangen. Manchmal liegt gezeigtes Desinteresse daran, dass die Hunde noch nicht genau wissen, was sie voneinander halten sollen. Dann klärt sich das Verhältnis meist bei späteren Begegnungen.

Der Kopf zeigt es zuerst

Meist geht es ganz schnell: Die Hunde riechen aneinander und dann drehen sie deutlich die Köpfe voneinander weg. Kopf und Blick zeigen in entgegengesetzte Richtungen. Das ist ein Zeichen für Höflichkeit und friedliche Absichten.

Gehen die Hunde nun deutlich auseinander, ist „die Luft schon raus". Es kann sein, dass einer der Hunde ein zweites oder drittes Kontakt- oder Spielangebot unternimmt. Wird es dem anderen zu viel, kann es zu einem kurzen Knurren oder Schnappen kommen. Der Körper wird dann noch stärker vom anderen abgewendet. Der Hund geht eindeutig auf Distanz und sagt: „Das wird nichts mit uns." Bleiben die Menschen noch eine Weile stehen oder gehen zusammen, kann man gut beobachten, dass ein Hund den anderen weiter im Auge behält. Auch ohne direktes Spiel oder Körperkontakt läuft der eine Hund gezielt dorthin, wo der andere vor einer Minute noch geschnüffelt oder sich gelöst hat. Doch ein direktes Miteinander bleibt aus.

Der große Unterschied

Nein, es sind nicht die Größenunterschiede, die zwischen Sympathie, Antipathie und Desinteresse entscheiden. Im Gegenteil: Oft sieht man gerade sehr kleine und sehr große Hunde, die richtig gut miteinander auskommen. (Es ist übrigens schwer zu sagen, ob Hunde überhaupt wissen, wie groß oder klein sie sind.) Bezogen auf das Miteinander von Hunden geht es um unüberbrückbare Verhaltens- oder Wesensunterschiede. So lösen häufig sehr stark beschwichtigende Hunde bei ihrem Gegenüber Desinteresse aus. Denn: Der beschwichtigende, oft unsichere oder ängstliche Hund legt sich sofort hin, wagt kein Spiel. Der andere schnüffelt kurz und geht weiter. Dauern diese scheinbar uninteressierten Begegnungen nur wenige Sekunden, haben die Hunde meist alles geklärt. In Zeitlupe würde man erkennen, wie ein Kopf über den Nacken des anderen wandert oder ein Hund sich etwas kleiner macht als der andere und schnell den Blick abwendet.

Dominanz?

Grundsätzlich vermeide ich das Wort „Dominanz", da es zu oft entweder dazu führt, dass ein Hund unerzogen bleibt („Er ist einfach dominant, da kann man nichts machen.") oder zu gewalttätigem Verhalten gegenüber dem Hund („Der ist so dominant, da muss ich mich mit allen Mitteln durchsetzen."). Die Österreichische Tierärztin Sabine Schroll erklärt den Begriff in dem Film „Von der Hand in die Welt… das A–Z des Hundes" so: „Dominanz ist eine Beziehungseigenschaft und keine Persönlichkeitseigenschaft." Kein Hund ist dominant. Ein Hund kann sich in Beziehungen dominant verhalten, was nur aussagt, dass er bei möglichen Konflikten wahrscheinlicher als der andere als Gewinner aus der Beziehung hervorgeht. Dabei ist jedoch jede Beziehung anders.
Bei Hundebegegnungen beobachtet man, wie die Hunde untereinander klären, wer das Sagen hat – jedes Mal neu. Das ist gut so. Ungeklärte Positionen führen oft zu Konflikten.

Begegnen sich Hunde an der Leine, entstehen öfter Konflikte, da ihr Bewegungsspielraum eingeschränkt ist und sie ihre Körpersprache nicht deutlich zeigen können.

Von Begegnungen profitieren

Treffen der Generationen

Die Fotos zeigen es: Erwachsene Hunde und Welpen sind ein einzigartiger Mix der Temperamente. Während die meisten erwachsenen Hunde ruhig daliegen wollen, rutschen die Welpen immer näher heran, lecken am Maul, schnuppern, fordern zum Spiel auf und beißen ins Fell. Souverän bleibt der ältere Hund liegen und lässt vieles über sich ergehen.

Die meisten gut sozialisierten erwachsenen Hunde sind Welpen gegenüber geduldig, setzen aber auch mal Grenzen.

Welpen als Jungbrunnen

Die ganze Körpersprache der Bordeauxdogge zeigt innere Gelassenheit: Die Ohren liegen an, die Rute ist entspannt, die Mimik ist locker. Wird es dem erwachsenenen Hund zu bunt, gibt es verschiedene Reaktionsmöglichkeiten:

- aufstehen und weggehen
- kurzes Knurren und mit drohendem Blick fixieren
- kurzer sanfter Biss über die Schnauze
- Herunterdrücken des Welpen

Kein Althund, der die Welpen kennt und Teil des Rudels ist, hat ein Interesse daran, den Welpen zu schaden. Bei wild lebenden Hunden und Wölfen ist das Gegenteil der Fall, wie Beobachtungen von Forschern zeigen: Das ganze Rudel nähert sich neugierig, sobald die Welpen nach drei Wochen ihre Geburtshöhle verlassen, und bietet spielerisches Verhalten an – sogar gemeinsame Objektspiele mit Stöcken

Der Schnauzenstoß und das Belecken der Maulwinkel ist ein Begrüßungsritual, das Welpen gegenüber erwachsenen Hunden zeigen.

oder Tannenzapfen. Günther Bloch fasst die Welpenreaktionen im Rudel in einem Gespräch über seine Beobachtungen an verwilderten Haushunden in der Toskana so zusammen: „Welpen sind wie ein Jungbrunnen für die erwachsenen Hunde.“

Schnauzenstoß

Das Lecken gehört zum Überlebenskampf der wilden Artgenossen des Haushundes. Zur Gewöhnung an Fleisch (statt Muttermilch) bringen erwachsene Wölfe zerkautes und vorverdautes Fleisch vom Beutezug mit, würgen es hervor und füttern damit die Welpen. Aus diesem Grund stupsen und lecken Welpen bis heute die Maulwinkel eines erwachsenen Hundes. Das ist angeborenes Verhalten ist noch keine Kommunikation. Wird der Hund älter, ändert sich die Bedeutung: Das Stupsen und Lecken der Maulwinkel wird zum Demutsverhalten. Die Botschaft lautet: „Ich bin friedlich.“ Oft lecken sich Hunde auch über die eigene Schnauze, um das Gegenüber zu beschwichtigen.

Bäuchlein lecken

Ebenso gehört das Lecken der Körper von neugeborenen Welpen zu den instinktiven Handlungen der Hundemutter, die so deren Kreislauf anregt und ihre Welpen trocknet. Gleichzeitig regt das Lecken bei ihr den Milchfluss an. Nach dem Trinken leckt die Mutter die Bäuche der Welpen, um deren Verdauung in Schwung zu bringen.

Keiner hat’s gesehen!

Hunde schütteln ihre Beute, aber niemals ihre Welpen. Der „Nackenschüttler“ als aktives Erziehungselement wurde weder bei Hunden noch bei Wölfen beobachtet. Höchstens beißen und schütteln sich Welpen gegenseitig im Nackenfell. Damit trainieren sie ihr Jagdverhalten, sonst nichts.
Ein vorsichtiger Biss der Mutter in den Nacken der Welpen wird nur genutzt, wenn die Hundemutter ihren Nachwuchs von Gefahren wegtragen will.

Nackenbeißen und Schütteln gibt es höchstens bei Welpen, wenn sie Sequenzen aus dem Jagdverhalten „nachspielen“. Wird es dem „Beutehund“ zu dumm, wehrt er sich.

Tipp

Mythos Welpenschutz

Die völlige Narrenfreiheit eines Welpen beim Aufeinandertreffen mit einem fremden, erwachsenen Hund gibt es nicht! Wird ein Welpe zu aufdringlich, kann es schon mal passieren, dass er von dem Erwachsenen zurechtgewiesen wird.

EXTRA

Lernen Hunde von Hunden?

Hunde lernen durch Erfolg und Irrtum: Hat das Betteln Erfolg, wird es wiederholt. Junge Hunde folgen gern den älteren und entdecken dabei leider auch „Unsinn".

Grundsätzlich
Hunde lernen durch die Folgen ihres Handelns. Hat ihr Handeln eine für sie positive Folge, werden sie es wiederholen. Wenn Sie am Esstisch versuchsweise die Nase hochstrecken und ein Stück Käse bekommen, hat das Handeln Erfolg und wird wiederholt. Das Gegenbeispiel: Ihr Hund springt erstmalig auf das Sofa und erntet dafür scharfe Worte: sein Handeln wird zum Misserfolg. Er wird es nicht wiederholen.

Dummheiten gleich abgeschaut?
Nein, Hunde sind keine reinen Beobachtungslerner. Wie einfach wäre das? Dann bräuchten Sie nur Ihrem Hund zu zeigen, wie ein anderer Hund perfekt über einen Agilitiy-Parcours springt und er könnte es nachmachen. Das Gegenbeispiel: Junge Hunde gewöhnen sich oft die gleichen Unarten an wie die alten Hunde. Warum? Weil sie den älteren Hunden folgen. Sie handeln genauso und machen dabei die gleiche positive Erfahrung: „Aha, gehe ich hier entlang, kann ich zwischen zwei Zaunpfosten durchschlüpfen und auf der großen Wiese dahinter stundenlang schnüffeln."

Dialekte, ja bitte!
Welpen werden unter ihresgleichen groß. Zwischen ihren Geschwistern und ihnen gibt es große Ähnlichkeiten: die Art der Ohren, der Ruten, die Mimik, das Fell. Ebenso ist die Mutter, wenn auch größer, mit den gleichen Körpermerkmalen ausgestattet. So lernen die Hunde nur ihren eigenen „Dialekt" der Hundesprache. Doch die Körper der Hunderassen unterscheiden sich stark voneinander:

- große Schlappohren, die sich nie aufstellen – wie beim Beagle
- Ruten, die immer hochstehen – wie beim Islandhund
- Gesichts- und Körperfell in allen Farben und mit Punkten – wie beim Dalmatiner
- Rückenfell, das immer hochsteht – wie beim Rhodesian Ridgeback
- immer große Augen – wie beim Mops
- eine stets nach vorn, groß aufgebaute Haltung – wie beim Schäferhund.

Rassengemischte Spielgruppen sind wichtig, um die Körpersprache aller Hunderassen zu verstehen. Da kein Signal nur von einem einzigen Körperteil abhängt, lernen Hunde, das Gesamtbild im Auge zu behalten, weil oft ein signifikantes Kennzeichen fehlt.

Interesse ist ansteckend

Gleiche Erfahrungen machen Hunde – und lernen davon –, weil sie stark auf das Verhalten der anderen Hunde reagieren. Merken sie, da interessiert sich ein anderer Hund besonders für diese Stelle, jenen Hund oder Menschen, ist das für sie wie ein Signal. Sie müssen unbedingt ebenfalls hin, um zu sehen, was es Tolles gibt. Das können wir uns zunutze machen. Hocken Sie sich ins Gras und scharren Sie mit konzentriertem Blick an einer bestimmten Stelle. Sobald Ihr Hund das sieht, kommt er sicher zu Ihnen gelaufen, um zu sehen, was es Spannendes zu entdecken gibt. (Legen Sie schnell ein Leckerli hin!).

Als Raubtier wird er auch auf kleine Bewegungen und leise Geräusche, wie das Piepsen einer Maus reagieren. Lautes interessiert ihn dagegen weniger.

Oben: Welpen unter sich: In gemischten, gut geführten Welpenspielgruppen können Welpen Sozialkompetenz üben. Unten: „Was gibt es?" Hunde sind neugierig und wollen Spannendes entdecken.

Tipp

Körperkontrolle

Körpersprache setzt Körperbeherrschung voraus. Lassen Sie Ihren Hund klettern, rennen, balancieren, toben und schwimmen. Streicheln oder massieren Sie den ganzen Körper Ihres Hundes. So lernt er seinen Körper richtig gut kennen und beherrscht ihn perfekt.

Voller Körpereinsatz

Welpen unter sich

Ja, Welpen schlafen viel. Doch wenn sie wach sind, tobt das Leben. Gerade Welpen untereinander sind gern dauernd beschäftigt – vor allem miteinander. Dabei haben sie sich immer mehr „zu sagen“. Im Laufe der ersten Lebenswochen und -monate wird ihre Kommunikationsfähigkeit feiner. Denn schließlich trainieren sie nonstop.

Fang mich doch!

Ein beliebtes Spiel unter Welpen: Ein Welpe stürmt los, als wolle er sagen: „Fang mich doch!“, ein zweiter läuft sofort hinterher. Hat der hintere Welpe den vorderen erreicht, gibt es ein spielerisches Gerangel, danach geht das Spiel in die zweite Laufrunde, oft in umgekehrter Rollenverteilung. Bei Laufspielen wird die Koordination und Kondition verbessert und für den „Ernstfall Jagd“ trainiert. Gehen Sie mit Ihrem Welpen in eine Welpengruppe, damit er mit möglichst vielen Hunden spielen und fürs Leben lernen kann.

Quietschen

Rangeln zwei oder mehrere Welpen miteinander, geht es nicht gerade zimperlich zu. Doch alles lassen sich die Hundekinder nicht von ihren Geschwistern gefallen. Werden sie zu heftig gezwickt, quietschen sie auf. Oft bricht der lautgebende Welpe das Spiel sofort ab. Ein deutliches Signal für den ungestümen anderen: Das war zu doll! Ein Misserfolg. Er wird beim nächsten Spiel vorsichtiger sein. Ebenso können wir Menschen mit unserem Welpen „sprechen“. Erwischt er unsere emp-

Verfolgungsjagden zählen zu den Lieblingsspielen unter Welpen.

Wird der Hundekumpel beim Toben zu fest gebissen, jault er auf …

… und bricht das Spiel ab. Dadurch lernt der Andere: Das war zu doll!

findliche Haut mit seinen Zähnen, quietschen Sie ein lautes „Aua!“ und brechen Sie die Beschäftigung sofort ab. Dieser Misserfolg wird ihn lehren, seine Zähne vorsichtiger einzusetzen und mit der Zeit die sogenannte Beißhemmung zu entwickeln.

Tipp

Milchzähne

Welpenzähne sind scharf und im Dauereinsatz. Darum geben Sie Ihrem Welpen so viel Gelegenheit wie möglich zu zu knabbern – an erlaubten Gegenständen wie kleinen Kauknochen oder alten Handtüchern. Der Zahnwechsel beginnt im 4. Monat und ist ungefähr bis zum 7. Monat abgeschlossen. Erst dann werden Ihr Zuhause, Ihre Schuhe, Ihre Hände vor den Welpenzähnen sicher sein und die Beißhemmung zeigt sich endgültig.

Heulen und jaulen

Auf der ersten Autofahrt vom Züchter zu seinem neuen Zuhause und in den ersten Nächten bei seinem neuen Familienrudel heulen viele Welpen. Dadurch versuchen sie, Kontakt mit ihrer Mutter und ihren Geschwistern aufzunehmen. Sie fühlen sich allein. Das Jaulen ist ein Verhalten aus den Wolfstagen des Hundes. Deren Heulen ist über Kilometer zu hören. Es ist ein Ruf mit verschiedenen Funktionen, z. B. der Kennzeichnung des eigenen Territoriums. Vor allem aber soll das Heulen das Wolfsrudel zusammenbringen. Bei Hunden, gerade bei Welpen, ist das Heulen ein deutliches Zeichen für Einsamkeit. Etwas Wichtiges fehlt ihnen: der vertraute soziale Kontakt. Lassen Sie Ihren Welpen also nicht allein – gerade nachts. Übrigens: Heulen ist ansteckend unter Hunden. Es kann gut sein, dass der Hund von nebenan ins Wolfsgeheul des Welpen einstimmt. Wenn der Kleine nachts heult, hilft es, wenn sein Körbchen neben Ihrem Bett steht und Sie ihn zwischendurch kurz berühren.

Anders als das erste Mal

Das Wiedersehen

Zwei Freunde, die sich gut verstehen und sogar ihren Stock miteinander teilen.

Ist das Verhältnis zwischen zwei Hunden nachhaltig geklärt, gibt es beim Wiedersehen deutlich weniger Rituale. Das Aufeinanderzulaufen braucht kein fein abgestimmtes, sorgfältiges Bogenlaufen oder Am-Wegrand-Schnüffeln mehr. Die Hunde sehen sich, erkennen sich und gehen direkt zum „Hallo!" über.

Unternehmungen zu zweit

Hunde, die sich kennen, beginnen ziemlich schnell ihr Spiel. Sie laufen, sie toben, sie raufen. Wie beim Hundespiel üblich, wechseln die Rollen und Spielsituationen ständig, es bleibt immer eine entspannte Atmosphäre.

Kommt ein Dritter hinzu, zeigen sie ihm die kalte Schulter.

Brüderlich geteilt

Interessanterweise können einige Hunde völlig ohne Streiterei mit den gleichen Spielzeugen spielen – sie laufen gemeinsam hinter dem geworfenen Spielzeug her. Manchmal tragen sie es sogar zusammen zurück, manchmal überlässt der eine dem anderen ganz friedlich das Spielzeug. Doch: Um geworfenes Spielzeug kann Streit entstehen. Halten Sie entweder mehrere gleichwertige Spielzeuge (Bälle, Stöcke, Kongs) bereit oder lassen Sie das Spielzeug ganz weg.

Ein Dritter kommt dazu

Wenn zwei schön spielen, kann ein Dritter stören – oder mitmachen. Es ist jedenfalls interessant zu beobachten. Zunächst findet unter den dreien die ritualisierte Begrüßung mit Beschnuppern an allen wichtigen Körperteilen statt. Nun kann es gut sein, dass die zwei ersten Spielpartner unterschiedlich auf den Neuen reagieren: Einer zieht sich zurück, einer beginnt zu drohen oder stürzt sich begeistert auf den Neuen. Manchmal lassen sehr gute Freunde einen Dritten gar nicht mitspielen, was dazu führen kann, dass der Dritte laut bellend um die Aufmerksamkeit der anderen buhlt.

Wenn Hormone mitspielen

Kennen sich die Hunde von Welpentagen an, kann plötzlich eine Veränderung im Verhalten eintreten: Rüden werden in der Pubertät zu Halbstarken und imponieren mit hoch aufgerichteter Rute vor Hündinnen und anderen Rüden. Sie wollen nicht mal mehr im Spiel der Unterlegene sein. Hündinnen bieten plötzlich ihr Hinterteil an und lassen sich intensiv beschnüffeln. Sie sind läufig und machen den sonst so lockeren Spielpartner ganz verrückt mit ihrer verführerischen Duftnote. Auch Hunde entwickeln und verändern sich.

Aufreiten

Begegnen sich zwei oder mehrere Hunde, kann man auch beobachten, dass einer auf des Hinterteil des anderen aufreitet, ihn mit den Vorderbeinen umklammert und ein paar angedeutete Stoßbewegungen mit der Hüfte macht. Sex? Nicht unbedingt. Sowohl Hündinnen als auch Rüden reiten auf, auch kastrierte, und dabei spielt das Geschlecht des unteren keine Rolle. Das Aufreiten ist eine Machtdemonstration. Damit zeigen ranghohe Tiere den übrigen Gruppenmitgliedern ihren Status, sowohl dem, der unten ist, als auch den umstehenden.

Paarung

Sicher gehört Aufreiten auch zum Fortpflanzungsverhalten. Ist eine Hündin läufig, verströmt sie einen betörenden Geruch, der die Rüden von nah und fern anlockt. Plötzlich ist kein Weg zu weit, kein Zaun zu hoch, und bei den liebestollen Jungs steigt plötzlich der Erfindungsreichtum, um an die Hündin ihrer Träume zu gelangen.
Die Rüden umwerben die Dame mit einer Art Vorspiel, umkreisen sie mit fröhlichem Spielgesicht, belecken Schnauze und Ohren. Wenn die Hündin stehen bleibt und ihre Rute zur Seite klappt, reiten sie auf, führen ihren Penis in die Scheide und machen ein paar heftige Stoßbewegungen. Danach steigen sie wieder ab, doch die Hunde hängen noch eine Weile aneinander, da die Schwellkörper verhindern, dass der Penis aus der Scheide rutscht. Das Hängen kann bis zu einer halben Stunde dauern.

Aufreiten hat verschiedene Funktionen: Zum einen ist es eine Machtdemonstration, zum anderen dient es, wie hier im Bild, der Fortpflanzung.

Ein wichtiges Kapitel

Beschwichtigungssignale

Sie gelten als ein wesentlicher Baustein der Hundesprache: Körperhaltungen und kleine Bewegungen, um andere Hunde zu beschwichtigen und friedlich zu stimmen.

Zwei Aufgaben, viele Signale

Beschwichtigungssignale zeigen sich manchmal in großen Gesten, manchmal in winzigen oder schnellen Aktionen. Sie werden zu einem sehr frühen Zeitpunkt eingesetzt, um Bedrohungen von anderen Hunden und Menschen abzuwenden, den Konflikt zu entschärfen und um selbst wieder ins innere Gleichgewicht zu finden. Wichtig ist: Sie bestätigen dem Gegenüber sehr deutlich den guten Willen des anderen. Sie enthalten Elemente aus dem demütigen, kindlichen und ängstlichen Verhaltensrepertoire des Hundes.

Beschwichtigungssignale haben das Ziel, Spannungen abzubauen.

Gegensatz zur Aggression

Das Pföteln (also Anstupsen mit der Pfote), die Spielaufforderung (Herabsenken des vorderen Körpers) und der Schnauzenstoß (einer stößt dem anderen gegen die Schnauze) sind eindeutig Elemente aus der Welpenzeit des Hundes. Möglich ist, dass damit die Anspannung des Gegenübers in elter-

Der kleine Weimaraner sagt deutlich: „Tu mir nichts!", indem er die Ohren anlegt, sich klein macht und die Rute unter den Bauch zieht.

liche Instinkte umgeleitet werden soll. Andere Beschwichtigungssignale sind das komplette Gegenteil zur aggressiven Körpersprache: das Schließen des Mauls (statt Zähne zu zeigen), das Abwenden des Blicks (statt zu fixieren) und das Umdrehen und Präsentieren des Hinterteils. Es ist sozusagen besonders freundlich von einem Hund, wenn er einem anderen – und Ihnen – den Po entgegenstreckt.

Übersprunghandlungen

Übersprungverhalten ist ein gezeigtes Verhalten, das in dieser Situation eigentlich sinnlos ist. Es gehört zwar nicht zum klassischen Deeskalationsverhalten, doch es dient dazu, dem Konflikt aus dem Weg zu gehen, indem der Hund zum Beispiel am Wegesrand buddelt, schnuppert oder sich abwendet und kratzt. Damit unterbricht er die Kommunikation, zeigt aber dem Gegenüber, dass er keinen Streit möchte.

Betrachten Sie die gesamte Situation

Die Auflistung zeigt, wie wichtig es ist, die einzelnen Signale im Zusammenhang mit der gesamten Körpersprache und der Interaktion mit dem anderen Hund (oder mit Ihnen) zu verstehen. Ein Hund kann natürlich gähnen, weil er müde ist. Doch vielleicht wird Ihnen jetzt bewusst, warum Ihr Hund mitten im Training gähnt und anschließend nur noch wie in Zeitlupe weiter mitmacht: Er fühlt sich unwohl. Häufig kratzen sich Hunde in ungewohnten Situationen am Hals. Es gibt keinen Juckreiz oder Flöhe. Der Hund nutzt dieses Signal, um (seine) Anspannung abzubauen – häufig wenn viele Menschen um ihn herumstehen und ihn anschauen (aus Hundesicht: fixieren).

→ *Beschwichtigungssignale*

- → Wegdrehen des Kopfes/ganzen Körpers
- → Seitliches Stehen bis zum Zeigen des Hinterteils
- → Zusammenkneifen der Augen
- → Schnelles Lecken der Nase
- → Kleinmachen, sich auf den Rücken legen
- → Pfote heben oder sich kratzen
- → Gähnen
- → Zeitlupen-Bewegungen, um Hektik entgegenzuwirken
- → Schnüffeln in angespannten Situationen
- → Weitere normale Bewegungen wie Hinsetzen, Hinlegen, Rutewedeln

So machst Du Deinen Hund happy!

Leg Dich zu mir!

Du willst Deinem Hund zeigen, wie sehr Du ihn magst – mit einer Umarmung. Doch Dein Hund ist kein Mensch. Für ihn wirkt es bedrohlich, wenn Du Dich über ihn beugst und ihn mit Deinen Armen umschlingst. Er könnte sie beantworten, indem er Dich ebenfalls bedroht. In jedem Fall fühlt er sich unwohl. **Darum mach es besser:** Lege Dich auf den Boden, und Dein Hund wird zu Dir kommen und sich eng neben Dich legen. Dieses Kontaktliegen lässt Euch noch bessere Freunde werden!

Weil ich keine Hände habe!

Wenn Du mit Deinen Freunden spielst, lauft Ihr hintereinanderher und haltet Euch beim Fangen z. B. kurz am Pulli fest. Hunde haben keine Hände. Wenn sie spielerisch hinter Dir herlaufen (und viele Hunde haben einen Jagdtrieb, sie müssen einfach hinterher!), dann haben sie nur ihre Zähne, um Dich festzuhalten. So zwicken sie in Deine Hose und vielleicht in Deine Haut. **Darum mach es besser:** Wirf dem Hund lieber einen Ball, wenn Du mit ihm spielen willst, und renne in der Gegenwart von frei laufenden Hunden nicht wild herum.

Ich brauche Regeln!

Es ist klasse, wenn Du mit Deinem Hund spielst. Wenn es dabei immer nach dem Willen des Hundes geht, gibt es ein Durcheinander, wer das Sagen hat. Und das bist Du. **Darum mach es besser:** Schleppt Dein Hund ein Spielzeug an, schau weg. Du beginnst und Du beendest jedes Spiel. Räume nach dem Spiel alles weg. So zeigst Du Deinem Hund: „Das Spielzeug gehört mir!" Das verhindert jeden Streit.

Immer locker lassen!

Beim Spaziergang trefft Ihr andere Hunde, Menschen, Autos oder einen weglaufenden Hasen. Wenn Du mit den Gedanken woanders bist, überrascht es Dich, wenn Dein Hund plötzlich an der Leine zieht und Du auf der Nase landest. **Darum mach es besser:** Halte die Augen offen und behalte die Umgebung im Blick. So kannst Du Ablenkungen rechtzeitig entdecken. Und halte die Leine stets locker in der Hand – so kannst Du sie im Zweifel loslassen, damit Du nicht auf der Nase landest!

Das macht Deinen Hund happy!

→ Feste Futterzeiten und täglich Zeit zum Spielen
→ Tricks üben und trainieren, wenn Dein Hund dafür kleine Leckerli bekommt
→ Kein Weiterziehen oder Leinenzerren beim Spaziergang, sondern ein Nebeneinandergehen an lockerer Leine
→ Seine Ruhe haben – Hunde brauchen viel mehr Schlaf als Menschen
→ Leise Geräusche und Musik ohne schrilles Kreischen – Hundeohren hören viel besser als Menschenohren
→ Gesellschaft – mit Dir zusammen zu sein, ist das Größte für Deinen Hund

Auf einen Blick

Alles friedlich unter Hunden

Spielen

Im Spiel ist fast alles erlaubt, Hunde können sich ausprobieren. Spielen schult von Welpenbeinen an die hündische Kommunikation. Die Aufforderung zum Spiel kann angespannte Situationen lösen. Ein friedliches Spiel zeigt sich durch viel Bewegung, ohne dass die Hunde lange in einer bedrohlichen Haltung verharren. Übertreibt einer der Hunde das spielerische Beißen, jault der andere kurz auf und bricht das Spiel ab. Wird das Spiel zu wild oder einer der Hunde wird gemobbt, ist es Ihre Aufgabe, das Spiel abzubrechen.

Checkliste Hundebegegnung

- → Wenn möglich (Absprache der Besitzer): Leine ab
- → Immer: Die Hunde im Blick behalten
- → Aktiv werden: Kommt Spannung auf, die Hunde ablenken
- → Weitergehen: Selbst in Bewegung bleiben, statt die Hunde anzustarren
- → Schutz geben: In der Hocke dem Welpen bei Hundebegegnungen helfen
- → Nie auf Welpenschutz vertrauen: Nur mit friedlichen Hunden zusammenlassen
- → Spielzeug: Lieber einstecken, damit es keinen Streit gibt.

Am Wegrand schnüffeln

Hunde gehen nicht geradewegs aufeinander zu. Sie haben eine ganze Reihe von festen Begrüßungsritualen, wenn sie sich höflich und friedlich begegnen. Dazu gehört das Schnüffeln am Wegesrand ohne echtes Interesse an einer bestimmten Duftstelle. Ebenso legen manche Hunde sich immer mal wieder hin, nachdem sie ein paar Schritte nach vorn gegangen sind. Und vor allem: Sie laufen in Bögen aufeinander zu. Geben Sie Ihrem Hund die Möglichkeit, leinenfrei andere Hunde zu treffen und seine Hundesprache oft zu üben.

Beschnuppern

Das Begrüßungsritual, das auch bei besten Hundefreunden wie ein „Hallo!" dazugehört: das Beschnüffeln. Dabei sammeln sie Informationen über den anderen Hund wie Alter, Geschlecht und sozialen Status, und klären, wer dieses Mal das Sagen hat.

Kopf wegdrehen

Den Kopf abwenden ist eines von vielen Beschwichtigungssignalen, um bedrohlichen Situationen entgegenzuwirken. Der Hund nutzt das Wegdrehen und Wegsehen, um zu zeigen: „Ich komme in friedlicher Absicht." Es gehört zum höflichen Ton unter Hunden! Zudem kann es der Vorbote dafür sein, dass zwei Hunde nicht wirklich Interesse aneinander haben. Erst schauen sie weg, dann gehen sie auseinander und bleiben auf Distanz. Achtung gerade bei Rüden: Vielleicht klären sie ihr Verhältnis beim nächsten Treffen!

Rute wedeln

Das weiß jedes Kind: Wedelt die Rute, ist der Hund freundlich. Doch Augen auf: Schauen Sie auf die ganze Körpersprache! Die Rute zeigt nur dann Freundlichkeit, wenn sie locker auf Körperhöhe hängt und sich schnell bewegt. Ist sie hochaufgestellt und bewegt sich langsam: Bitte auf Distanz zum Hund bleiben. Erklären Sie auch Ihren Kindern, was eine Rute alles ausdrückt. Hier gibt es zu viele Missverständnisse mit bösen Folgen!

Hinlegen

Legt der Hund sich auf den Rücken, hält still und lässt die Prüfung ohne Gegenwehr über sich ergehen, zeigt er seine friedlichen Absichten. Doch wenn der Liegende strampelt, zappelt und tritt oder gar schnappt, hat das nicht viel mit Unterwerfung zu tun. In diesem Fall kann der stehende Hund auch knurren und schnappen und verhält sich durchaus angemessen.

2

Der aggressive Hund

Missverständnisse ade

Die Rute sagt alles

„Hier komme ich!“ – So sieht einer aus, der sich seiner Sache sicher ist. Der Doggen-Rüde imponiert, indem er sich groß macht, die Rute aufstellt und selbstsicher auf den anderen zugeht.

Die Rute ist ein eindeutiges und wichtiges Kommunikationsmittel des Hundes. Mit ihr sprechen Hunde eine deutliche Sprache. Die Natur hat ihr darum oft eine helle Spitze gegeben – zum Beispiel bei Collies, Beagles und Australian Shepherds. Sie ist sehr beweglich, das macht sie so ausdrucksstark. Leider sind durch spezielle Züchtungen die Ruten häufig in ihrer Haltung bereits festgelegt (z. B. dauernd nach oben gerichtet) oder durch Kupieren nahezu außer Kraft gesetzt. Diese Rassen beherrschen die Hundesprache trotzdem, dennoch verstärkt die Rute das, was Kopf und Körper des Hundes mitteilen.

Aggressiv oder nicht?

Während beim freundlichen Wedeln die Rute auf Körperhöhe oder etwas tiefer wackelt, trägt ein angespannter, drohender oder imponierender Hund die Rute hoch. Allerdings beschreibt Roger Abrantes: „Ein leichtes Wedeln bei einem niedrig getragenen Schwanz kann die Vorbereitung einer Attacke sein.“ Das heißt: Die Stellung der Rute sowie die übrige Körperhaltung sind ausschlaggebend für die Interpretation. Das klare Körpersignal für Bedrohung und Aggression ist also in der Summe die aufgestellte und dabei leicht hin und her wedelnde Rute. Meist wird diese Haltung unterstützt durch:

- → Fixieren,
- → provokanten Blick in die Augen,
- → Nasenrückenrunzeln oder Zeigen der Zähne,
- → grollendes Knurren oder
- → deutlich hörbares Aufpumpen der Lippen,
- → steife Körperhaltung,
- → aufgestellte Nackenhaare.

Drohenden Hunden begegnen

Sehen Sie ein oder mehrere dieser Anzeichen bei einem begegnenden Hund, lassen Sie Ihren Hund keinesfalls von der Leine, „damit die Hunde das unter sich ausmachen können“. Sie wissen nicht, ob der andere Hund wirklich nur etwas klären will oder ob er das Maß seiner Aggression nicht unter Kontrolle hat und es zu Verletzungen kommt. Nehmen Sie einen schwungvollen (nicht hektischen) Schritt an, summen Sie ein fröhliches Lied, um die Spannung aus der Situation zu nehmen, gehen Sie einen anderen Weg, verschwinden Sie kurz in einer Einfahrt oder drehen Sie auf dem Absatz um. Ist das keine Flucht? Doch! Aber das ist völlig in Ordnung, denn dadurch schützen Sie Ihren Hund vor unschönen Situationen. Und das ist gut so, denn wenn er wiederholt schlechte Erfahrungen macht, reagiert er bei zukünftigen Begegnungen nicht mehr angemessen, und das kann auch bei friedlichen Hunden Aggressionen hervorrufen. Ein Teufelskreis, aus dem man schlecht wieder herauskommt.

Was die Rute noch so sagt

Hunde, die einem anderen imponieren wollen, und Hunde, die sich ihrer Sache sicher sind, tragen die Rute hoch. Dabei halten sie die Rute ruhig. Man kann beobachten, dass andere Hunde eher unfreundlich, unsicher und angespannt reagieren, treffen sie auf einen Hund mit stets erhobener Rute – selbst wenn die restliche Körpersprache etwas anderes aussagt. Es irritiert Hunde deutlich und lässt sie eventuell gereizt reagieren.

Angst zeigen

Die Rute dient zum Beispiel auch dazu, um Angst Ausdruck zu verleihen. In ängstlichem Zustand wandert sie nicht nur nach unten, sie wird oft zwischen die Hinterbeine geklemmt und ganz unter dem Bauch versteckt. Dabei macht sich der Hund mit dem ganzen Körper klein und rund, die Ohren werden angelegt, die Augen sind groß und der Blick schweift unsicher umher.

Ein Rückzug ist keine Schande, vor allem, wenn eine Hundebegegnung unangenehm zu werden droht.

Unter den Bauch gezogen

Fühlt sich ein Hund bei einer Hundebegegnung besonders unsicher, wird er sich nicht nur klein machen, sondern mit angezogener Rute auf den Rücken legen. Ethologe Roger Abrantes erklärt: „Welpen und Jungtiere können mit dem unter den Bauch gezogenen Schwanz wedeln, sogar wenn sie auf dem Rücken liegen. So zeigen sie maximales Demutsverhalten. Über dieses Wedeln verteilen sie wahrscheinlich ihren Körpergeruch und appellieren an die elterlichen Gefühle der Erwachsenen." Es ist ein Beschwichtigungssignal. Gerade junge Hunde urinieren oft, wenn sie unsicher sind und Angst haben.

Er fühlt sich gar nicht wohl in seinem Fell. Das erkennt man an der gesamten Körperhaltung und an der unter den Bauch gezogenen Rute.

Alles andere als Liebe

Schau mir in die Augen, Kleiner!

Verliebte Menschen schauen sich mit „Dackelblick“ stundenlang in die Augen. Der Blick wird zum Zeichen von Nähe und des einander Verstehens. Wegzusehen fassen wir Menschen als Unsicherheit auf. Man fragt sich: „Hat mein Gegenüber etwas zu verbergen?“ Unter Hunden ist es ganz anders. Das zeigt einmal mehr: Ein Hund ist ein Hund – kein Mensch. Natürlich bestätigen Ausnahmen wie der Podenco die Regel (s. Seite 12/13). Trotzdem: Der direkte Blick führt bei Hunden schnell zum Konflikt.

Ein tiefer Blick in die Augen ist unter Hunden ein Affront.

Begegnung auf Distanz: Der schwarze und der entgegenkommende Hund fixieren sich schon von weitem.

Aggression im Blick

Das Fixieren ist oft der Ausgangspunkt für eine aggressive Auseinandersetzung. Das kann bereits über größere Entfernungen entstehen. Hunde sehen bewegte Objekte in großer Distanz sehr scharf. Sie frieren dann kurz ihre Bewegung ein und starren. Beginnt danach nicht das übliche Begrüßungsritual mit Am-Wegesrand-Schnüffeln und In-Bögen-Laufen, liegt bereits Anspannung in der Luft. Befindet sich der andere Hund in unmittelbarer Nähe, kommt es auf seine körperliche Erwiderung an: Starrt er zurück? Oder gibt er nach und weicht dem Blick aus, dreht er seinen Kopf oder den ganzen Körper weg und versucht zu beschwichtigen?

Weitere Faktoren

Ob sich nun eine Beißerei daraus entwickelt, hängt an den Fragen: Wie aggressiv ist der drohende Hund und wie gut versteht er die Körpersprache des anderen? Gleichzeitig tragen die äußeren Bedingungen dazu bei, wie die Situation ausgeht. Begegnen sich die Hunde unangeleint auf freier Wiese und können sich aus dem Weg gehen? Oder: Treffen sie auf einem engen Gehweg aufeinander, jeder an einer kurzen Leine? Hier haben die Hunde viel weniger Möglichkeiten, ihre hündische Körpersprache voll zu nutzen und die so wichtige Individualdistanz (s. Seite 60) einzuhalten.

Lippen in Bewegung

Ein Hund kann seine Lippen extrem nach vorn schieben oder stark nach hinten ziehen, sodass seine Zähne teilweise oder ganz sichtbar werden. Der selbstsichere Hund knurrt nur mit den vorderen Zähnen und schiebt also seine Mundwinkel nach vorn (kurze Maulspalte). Ein unsicherer Hund zieht beim Knurren die Mundwinkel ganz nach hinten und zeigt das gesamte Gebiss (lange Maulspalte). Vorsicht, unsichere Hunde neigen eher dazu zu schnappen, als sichere.

An der Leine kommt es eher zu Aggressionen als bei frei laufenden Hunden, da sie weder ihre Körpersprache entfalten noch die Individualdistanz einhalten können.

Die Aufgabe der Augenbrauen

Nicht bei allen, aber bei vielen Hunderassen kann man die Augenbrauen gut erkennen. Oft sind sie farblich etwas abgehoben und ermöglichen eine feine Mimik. Dabei unterstützen sie die Botschaft der Augen: Macht der Hund große Augen, treten die Augenbrauen hervor – verkleinert er seine Augen, scheinen sie fast zu verschwinden.

Auch Hunde lächeln

Das menschliche Lächeln müsste auf Hunde wie ein unsicheres Drohen wirken. Allerdings gibt es Untersuchungen, die besagen, dass der Hund inzwischen so sehr auf Menschen „spezialisiert“ ist, dass er unser Lächeln nicht nur als freundliches Signal erkennt, sondern sogar „zurücklächelt“. Dieses Verhalten zeigen die Hunde auch nur Menschen gegenüber.

Links: Augenbrauen verstärken die Mimik. Rechts: Auch Hunde können „lächeln“!

Deutlich im Vorteil

Mit den Ohren sprechen

Es sind Stehohren, mit denen Hunde im Vorteil sind: Sie lassen sich in viele Richtungen drehen. Dafür besitzt der Hund immerhin 17 Muskeln in den äußeren Ohrmuscheln, um die Richtung eines Geräusches auszumachen. Das Hundeohr nimmt extrem hohe Töne wahr, die für das menschliche Ohr stumm bleiben. Und: Während unser erwachsenes menschliches Ohr nur um die 20 000 Schwingungen pro Sekunde aufnimmt, sind es beim Hund bis zu 40 000 (wenn nicht gar bis zu 100 000) Schwingungen pro Minute. Interessanterweise gehören selten viele Lautäußerungen zu den Hundebegegnungen. Nicht das laute Knurren oder Bellen wird genutzt, eher ein leises Knurren.

Hundeohren sind sehr beweglich, hoch spezialisiert und unverzichtbar für die Hundesprache.

Die Stellung der Ohren

Die Ohren sind neben ihrer Hörfunktion ein wesentlicher Bestandteil der Hundesprache. Sie unterstützen das Bild, das ein Hund von sich zeigen will: Zieht er die Rute ein, hält den Kopf tief und blickt zur Seite, dann legt er die Ohren so weit wie möglich an. Baut ein Hund sich drohend oder imponierend auf, stehen die Ohren – so weit möglich – aufrecht und nach vorn gerichtet. Damit sind sie an der aussagekräftigen Gesichtsmimik im allerhöchsten Maß beteiligt. Doch auch, wenn der Hund sehr an etwas interessiert ist, spitzt er die Ohren und richtet sie nach vorn, zum Beispiel wenn eine Maus im Gras raschelt oder die Futterschüssel in der Küche klappert.

Hunderassen, die von Natur aus Stehohren haben, wie der Islandhund, sind beim Ohrenspiel deutlich im Vorteil. Cockerspaniel haben es schwerer, mit den Ohren zu sprechen.

Diese beiden fühlen sich unwohl, durch die Leine sind sie sich näher, als ihnen lieb ist. Daher werden die Stehohren nach hinten geklappt und die ganze Körpersprache sagt: „Kumpel, ich werde Dir nichts tun!"

Aus Unsicherheit drohende Hunde erkennt man neben der langegezogenen Maulspalte auch daran, dass sie zwar knurren, die Ohren allerdings zur Seite oder nach hinten richten. Betrachten Sie immer die ganze Körperhaltung und das gesamte Umfeld, dann können Sie die Situation am besten einschätzen.

In Bewegung

Bei Begrüßungen sieht man oft, wie die Ohren des Hundes in Bewegung sind: mal vorn, mal hinten, mal seitlich. Auf Spaziergängen, im Haus oder im Garten bleiben die Ohren oft nur kurz in einer bestimmten Position. Daran erkennt man deutlich: Der Hund ist aufmerksam, er beobachtet seine Umgebung, hat etwas gehört oder ist offen für eine Begegnung mit einem Artgenossen. Aus dieser Phase heraus kann sich ein Daueraufstellen ergeben, will der Hund sich von seiner starken Seite zeigen. Typisch für dieses „Aufbauen" vor dem anderen ist, das Gewicht nach vorn auf die Vorderbeine zu verlagern und die „geschwellte Brust" zu zeigen. Erkennen Sie diese Gewichtsverlagerung, werden Sie aktiv und beenden Sie die Begegnung, indem Sie zügig weitergehen. So nehmen Sie die Spannung heraus, denn wenn keiner mehr hinsieht, nutzt auch das ganze Imponieren nichts mehr.

Und zwischen den Ohren?

Zwischen den Ohren ist das Gehirn des Hundes. Es unterscheidet sich von dem des Menschen in einer wichtigen Eigenschaft: Die beiden Zentren für das Verstehen und Sprechen der Sprache (Broca-Areal und Wernicke-Areal) gibt es beim Hund nicht. Aber Hunde lernen schnell, sie können Verknüpfungen zwischen Verhaltensweisen und den daraus folgenden Konsequenzen bilden. So üben Hunde ihre eigene Sprache, die Körpersprache, von der Rute bis zu den Ohrenspitzen nicht nur einmalig ein, sondern können sie durch Erfahrungen weiter entwickeln.

Da sträuben sich die Haare

Nacken und Rücken

Das im Status hohe Tier hat Anspruch auf Ressourcen wie Futter, Territorium und Zuneigung.

Kennen Sie „die Bürste"? Nein, nicht die drahtige oder weiche Fellpflegebürste oder die Bürste, mit der Sie Ihre nassen Haare in Form föhnen. Gemeint ist die Bürste, die ein Hund machen kann: Er stellt sein Nackenhaar auf. Auch das gehört zum Repertoire der Hundesprache. Doch was sagt sie?

Die Bürste

Manche Rassen, wie der Rhodesian Ridgeback, zeigen sie durch ihre dunklere, leicht aufgerichtete Felllinie in der Rückenmitte immer, die meisten anderen Rassen – wo möglich – nur in bestimmten Situationen: die Bürste. Das Fell im Nacken wird aufgestellt. Das Aufstellen des Nackenfells gehört eindeutig zur sich aufbauenden, drohenden Körpersprache des Hundes. Um diesen Eindruck zu unterstützen, ist das Rückenfell meist dunkler als das Bauchfell.

Häufig „legt sich das wieder", im wahrsten Sinne des Wortes, nämlich wenn die Situation unter Hunden geklärt ist. Gesträubtes Nackenfell kann allerdings auch Unsicherheit und Stress signalisieren. Auch hier muss man wieder die Gesamtsituation betrachten.

Der Jack Russell stellt deutlich die Nackenhaare auf und markiert. Er will den Rang des Islandhundes nicht anerkennen. Dieser fordert seinen Status jedoch ein, indem er sich mit gesträubtem Fell über den Jack Russell stellt, ihn fixiert und eine Pfote auf ihn legt.

Imponieren

Schau her, ich bin der Stärkste! Auch Hunde imponieren, und zwar sind es oft zwei, die vom Rang her ähnlich stark sind. Deutlich überlegene, ranghohe Tiere haben das nicht nötig, die anderen wissen, wer sie sind. Dabei machen sie sich groß, staksen mit steifen Schritten auf den anderen zu, fixieren ihr Gegenüber, tragen die Rute erhoben und versuchen damit gleich klarzustellen, dass sie das Sagen haben. Auch häufiges Markieren gehört zum Imponieren dazu, um das Ganze geruchlich zu unterstreichen. Allerdings bedeutet es noch lange nicht, dass alleiniges Imponieren automatisch klärt, dass der andere seinen höheren Status anerkennt. Er kann ebenfalls imponieren, und damit bleibt die Frage, wer der Ranghöhere ist, offen.

Pfote auflegen und T-Stellung

Wenn das Imponieren nicht hilft, wird weiter ausprobiert. Akzeptiert es der andere Hund, wenn er eine Pfote oder den Kopf auf den Rücken gelegt bekommt? Auch die sogenannte T-Stellung ist eine rangzeigende Geste: Der vermeintlich Stärkere stellt sich dem anderen Hund einfach quer in den Weg, wie der Querbalken des T sozusagen. Damit beschneidet er den anderen in seinem Bewegungsfreiraum. Nun ist entscheidend, wie der andere reagiert. Beschwichtigt er und erkennt den Status des anderen an? Wenn nicht, wird weiterdiskutiert.

Aufreiten

Wie schon auf Seite 25 beschrieben, gehört auch das Aufreiten zur Machtdemonstration. Indem der vermeintlich ranghöhere Hund aufreitet und den anderen mit seinen Vorderpfoten umklammert, schränkt er ihn deutlich in seinem Bewegungsraum ein. Das ranganzeigende Verhalten kann an den unteren Hund gerichtet sein, aber auch an die danebenstehenden Hunde.

Der Australian Shepherd stellt sich mit aufgerichteter Rute dem Islandhund quer in den Weg (T-Stellung). Der Islandhund lässt sich das nicht bieten und legt ihm im Gegenzug den Kopf auf die Schulter.

Wozu das Gerangel?

Der Hund mit dem hohen Status hat mehr Anspruch auf Ressourcen. Dazu gehören Futter, Wasser, Spielzeug und Territorium, aber auch die Möglichkeit, sich fortzupflanzen und soziale Annehmlichkeiten wie Zuwendung zu beanspruchen.

→ *Auf dem Rücken liegen*

Der Hund, der auf dem Rücken liegt und seinen Bauch zeigt, beschwichtigt und unterwirft sich. Oft ist es so, aber nicht immer. Zappelt und tritt der Untere und schnappt nach dem über ihm Stehenden, ist das alles andere als demütiges Verhalten, und dann kann es passieren, dass der Stehende knurrt und auch zurückbeißt.

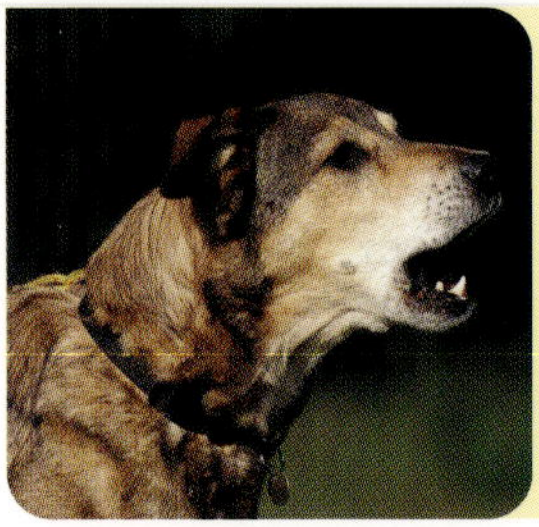

Mitten im Konflikt

Die angespannte Begegnung

Der Husky droht, ist sich seiner Sache aber nicht so sicher. Die Zunge und die etwas längere Maulspalte verraten ihn, während der Rechte mit kurzer Maulspalte und fixierendem Blick die Drohung sicher erwidert.

Schauen Sie sich das Gebiss Ihres Hundes an: scharfe Zähne. Zudem hat Ihr Hund einen unglaublich starken Kiefer. Doch: Wie oft kämpfen Hunde tatsächlich bis aufs Blut und es kommt zu einer wilden Beißerei? Selbst wenn Sie seit Jahren sehr häufig zu großen, offenen Hundetreffs gehen, können Sie meist nicht viel mehr als zwei, drei spektakuläre Beißsituationen schildern.

Zunächst: Den Kampf abwenden

Aggression, die zum anschließenden Tierarztbesuch führt, gibt es eher selten. Zum Glück! Der Grund dafür liegt in der Hundesprache. Sie ist genau darauf ausgerichtet, den Einsatz der Zähne, also das Mittel des Kampfes zu verhindern. Besonders durch Beschwichtigungssignale hisst einer der Hunde vor einem Konflikt schon die „Weiße Fahne“. Was passiert, wenn die angespannte Situation mit imponierendem Aufbauen und Aufstellen des Fells, der Ohren, der Rute, mit Knurren und Zeigen der Zähne, mit Fixieren und dem gesamten Drohrepertoire eine ebensolche Erwiderung findet?

Blitzschnell mittendrin!

Vom ersten Drohen bis zur Beißattacke dauert es ein wenig. Ein gut sozialisierter Hund spielt erst das komplette Drohverhalten durch, bis er zum Angriff übergeht. Doch dann beginnt die Beißattacke fast ohne Vorwarnung. Hat man eine solche Situation auf Film gebannt, kann man sie in Zeitlupe zerlegen. Dann findet man sicher den exakten Moment, in dem vielleicht bei einem der Hunde der Kopf noch höher geht oder einer die Ohren anlegt, um sie in einer möglichen Beißerei unverletzt zu wissen und dann direkt in den Kampf übergeht. Live danebenstehend ist es fast unmöglich, den Augenblick auszumachen. Es geht blitzschnell los, dann aber richtig. Die Hunde werden dabei zu einem fast unzertrennbaren Knäuel. Meist beißen sie sich aneinander auf Halshöhe fest. Anfangs geben sie oft eine Mischung aus Schreien und Knurren von sich. Nach Anders Hallgren wollen sich die Hunde mit dem Gebrüll zunächst so erschrecken, dass sie „in der Runde ihre Zähne noch nicht gegeneinander einsetzen, und wenn doch, dann nicht nachdrücklich. Dieses Verhalten wirkt wie eine Art Schauspiel anstelle der richtigen Aggression." Das erklärt, warum es oft keine Folgen hat, wenn man es schafft, die laut kämpfenden Hunde zu trennen. Diese Art des Kampfes ist ähnlich wie das gesamte Vorgeplänkel stark ritualisiert. Man nennt ihn auch Schau- oder Kommentkampf.

Bis aufs Blut!

Im Gegensatz zum Kommentkampf geht es beim Ernstkampf darum, den Gegner ernsthaft zu verletzen oder gar zu töten. Dabei geht es meist leiser zu und ziemlich zielgerichtet. Es wird gekämpft, bis es einen Sieger und einen Verlierer gibt.

Der Einsatz ist hoch: Bei Wölfen muss der Verlierer für immer das Rudel verlassen. Und das Leben als einsamer Wolf ist nicht gerade einfach. Man muss allein auf sich aufpassen, allein Beute machen und Fortpflanzungspartner gibt es auch keine.

Kommt es bei Hunden, die zusammenleben, zum Ernstkampf, wird man die beiden nicht mehr im gleichen Haushalt halten können, da der Sieger den Verlierer nicht mehr duldet. Zum Glück passiert das nur selten.

→ *Eingreifen – aber wie?*

- → Haben Sie einen Regenschirm dabei: Werfen Sie den Schirm mit Nachdruck zwischen oder auf die Hunde oder öffnen Sie ihn überraschend über den Hunden. Vielleicht tritt eine Schrecksekunde ein, in der die Hunde voneinander ablassen.
- → Haben Sie eine Wasserflasche dabei, kann eine überraschende Dusche die Gemüter abkühlen.
- → Jeder der Hundebesitzer fasst seinen Hund an den Hinterbeinen oder am Rutenende, hebt den Hund hoch und zieht die beiden auseinander. Sprechen Sie sich vorher ab, denn das Ganze muss schnell und gleichzeitig geschehen.

Ein stark ritualisierter Kommentkampf zwischen zwei Hündinnen.

EXTRA

An der Leine und am Zaun

Deutlich aggressiver!

An der Leine sind Hunde oft spürbar aggressiver. Denn: Sie können in dem kurzen Radius nicht ihre Hundesprache so deutlich zeigen, um dem Gegenüber klar zu machen, dass sie in friedlicher Absicht kommen. Meist sind sie sogar gezwungen (z. B. auf dem Gehweg), direkt aufeinander zuzugehen, und können nicht ausweichen. So kommt es zu Unsicherheiten, die bei Hunden zu Konflikten führen können. Was tun? Entweder die Leine los- oder so lang wie möglich lassen oder Sie weichen dem anderen Hund in einem großen Bogen aus.

Stärker mit Mensch im Rücken

So scheinen sich jedenfalls viele Hunde zu fühlen, sobald sie angeleint sind und sozusagen ihren Menschen hinter sich wissen. Manchmal ist es auch unsere Art, die Leine zu halten: Sehen wir einen möglichen „Feind", nehmen wir die Leine ganz kurz. Damit bauen wir Spannung auf, bevor unser Hund sich überhaupt entschieden hat, ob Freund oder Feind im Anmarsch ist. Was tun? Bleiben Sie locker, atmen Sie weiter, und im Zweifel: umkehren oder ausweichen. Kein Hund muss jeden anderen Hund begrüßen!

Da bell ich doch zurück!

Bellt ein Hund hinter dem Zaun, wenn Sie vorbeikommen, lassen Sie Ihren Hund auf gar keinen Fall zu dem Beller gehen. In dieser aufgeregten Grundhaltung (und mit dem Zaun dazwischen!) ist meist überhaupt kein hundesprachlicher Austausch zwischen den Vierbeinern möglich. Interessant zu beobachten: Oft ist es so, dass Ihr Hund und der Zaunbeller sich unangeleint auf dem freien Feld freundlich begegnen.

Üben und dazwischengehen

Das Trainingsprogramm für alle Hunde, die auf Zaunbeller reagieren: Stellen Sie sich dazwischen – also zwischen Zaun und Hund. So gehen Sie an einem Zaun vorbei. Zudem üben Sie mit Ihrem Hund, in ruhigen Situationen „Bei Fuß“ zu gehen. Trainieren Sie erst für sich, dann an Zäunen, hinter denen kein Hund ist oder nur ein ruhiger Vierbeiner. Kommen Sie dann zum „Beller-Zaun“, zücken Sie die besten Leckerli, die Sie Ihrem Hund je gegeben haben. Das motiviert und hilft Ihrem Hund ruhig zu bleiben! Anfangs vergrößern Sie den Abstand zum Zaun, indem Sie auf die andere Straßenseite wechseln. Passiert Ihr Hund den Zaun und den Beller gelassen, können Sie sich Stück für Stück annähern.

Mein Revier – oder nicht?

Kein Hund muss am Zaun „seines“ Gartens bellen. Wenn Sie keinen Wachhund wollen, gewöhnen Sie Ihrem Hund das Bellen wieder ab.

Wie? Zum einen: Überlassen Sie Ihren Hund im Garten nicht sich selbst! Wenn Sie auf der Terrasse sind, bleibt er angeleint (auf einem kühlen Schattenplatz) in Ihrer Nähe. Wenn Sie ins Haus gehen, kommt der Hund mit. Bellt er am Zaun, gehen Sie wortlos hin und holen Sie ihn dort weg. Läuft der Hund beim Zaunbellen hin und her, nehmen Sie ihn an die Schleppleine, dann können Sie ihn jederzeit zu sich nehmen, bevor er sich in Rage bellt. Lasten Sie Ihren Hund durch viel Bewegung und Beschäftigung aus, das macht ihn müde und zufrieden.

Auf einen Blick

Richtig reagieren!

Checkliste: Das kann ich tun!

- Immer: Ruhig bleiben und den Hund souverän aus der Situation nehmen
- An der Leine: Umkehren, in die Gegenrichtung oder in einem Bogen gehen
- im Vorfeld: Üben, die Aufmerksamkeit Ihres Hundes zu gewinnen, z. B. durch ein Signalwort und Spiel
- Der ultimative „Aggressionskiller“: Singen oder summen Sie und klatschen Sie in die Hände, sobald sich bei einer leinenfreien Hundebegegnung Spannung aufbaut.

Fixieren

Ihr Hund fixiert einen anderen. Das heißt: Er hat ihn fest im Blick, erstarrt und lässt ihn nicht aus den Augen. Sie spüren sofort, wie die Anspannung steigt.

Richtig reagieren

Stellen Sie sich dem fixierenden Blick Ihres Hundes in den Weg. Das nimmt sofort die Spannung aus der Situation und hilft, den entgegenkommenden Hund zu entspannen. Je relaxter beide Hunde sind, desto besser können sie kommunizieren und Konflikte durch eine beschwichtigende Körpersprache abwenden.

Zusatztipp

Schicken Sie Ihren Hund ins „Sitz!“, wenn Sie vor ihm stehen. In dieser Haltung ist es kaum möglich, Spannung aufzubauen und wirkt auf andere Hunde zunächst einmal freundlich, allein schon weil seine Rute am Boden liegt. Außerdem können Sie im „Sitz!“ die Aufmerksamkeit auf sich lenken und auf den Hund einwirken.

Bellen

Bellen kann vieles sein: Warnung, Drohung, Unsicherheit, Bitte um Aufmerksamkeit. Was tun, wenn Ihr Hund in oder vor Konfliktsituationen zu bellen beginnt?

Richtig reagieren

„Pst!" – Bleiben Sie nicht nur innerlich so ruhig wie möglich, sondern auch äußerlich: ruhig, stumm, schweigend. Denken Sie daran: Ein Hund versteht unsere Worte nicht. Er reagiert aber sehr wohl auf den Klang unserer Stimme. Versucht man den bellenden Hund mit sanften Worten zu beruhigen, klingt das für ihn wie Lob und Anerkennung. Er wird weiterbellen. Schimpft man, klingt das für ihn wie mitbellen. Er wird noch lauter. Welchen Auslöser das Bellen hat, das erste und beste Mittel ist: „Pst!"

Übrigens: Bleiben Sie ruhig, wenn Ihr Hund knurrt. Wenn Sie ihm verbieten zu knurren, nehmen Sie ihm eine wichtige Vorwarnmöglichkeit!

Zerren an der Leine

Ein angespannter, aggressiver Hund zieht nicht ein bisschen an der Leine. Er zerrt und drängt in Richtung des anderen Hundes mit großer Kraft und noch mehr Willen.

Richtig reagieren

Halten Sie unbedingt dagegen und werden Sie bewusst aktiv: Gehen Sie zum Hund und nehmen Sie ihn am Halsband oder Leinenende. Für Hunde, die zum Zerren neigen, ist ein Brustgeschirr eine echte Alternative zum Halsband. Das schont den Hals und ermöglicht Ihnen einen besseren „Zugriff". Gehen Sie mit Ihrem Hund mit schwungvollen Schritten in eine andere Richtung. Ist das nicht möglich, schicken Sie ihn ins „Sitz!", bis der andere Hund vorbeigegangen ist. Dabei beachten Sie den anderen Hund erst gar nicht. Kramen Sie lieber in der Tasche, um ein Leckerli oder Spielzeug hervorzuzaubern.

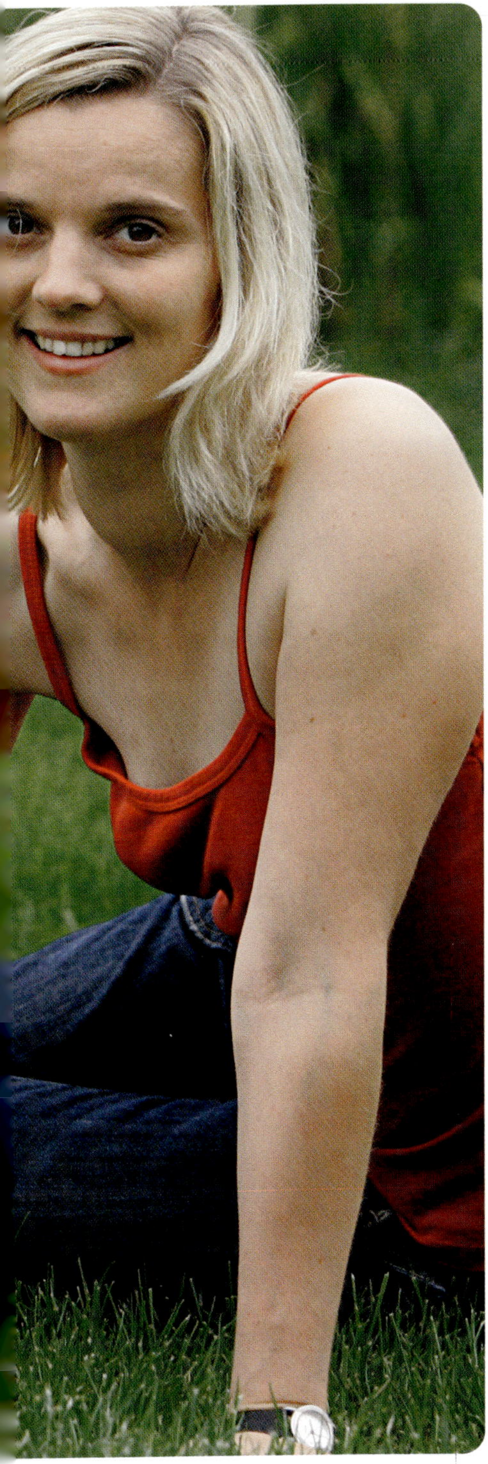

3

Der „sprechende" Hund

Der ganze Körper sagt:

Hallo Mensch!

Hochspringen und an den Mund stupsen ist unter Hunden eine sehr freundliche Begrüßung, doch nicht jeder Zweibeiner schätzt sie.

Gilt für die Begrüßung unter Hunden höfliche Annäherung, ist ein Hund bei der Begrüßung seiner Familie wesentlich direkter und stürmischer. Er kommt angelaufen, wedelt hemmungslos mit der Rute, manchmal wackelt auch der ganze Hund, und je nach Alter und Erziehung springt er vielleicht hoch und beginnt den Schnüffelcheck, welche Gerüche der Mensch mitgebracht hat. Dabei sind die Ohren angelegt, der Kopf wird tief gehalten und der Hund scheint eher zu beschwichtigen als Selbstbewusstsein zu demonstrieren. Kurz gesagt: Der Hund zeigt mit dem ganzen Körper eine freundliche, lockere, entspannte Haltung. Er sagt: „Hallo Mensch!"

Das Kennenlernen

Begegnet ein Hund einem fremden Menschen, kehrt er vermehrt zu seinen Begrüßungsritualen zurück. Gibt man dem Hund Sicherheit, kann er uns Zweibeiner von Anfang an als freundlich erleben. Das heißt ganz konkret:

→ Schauen Sie Hunden nicht direkt in die Augen. Wenden Sie den Blick ab und drehen Sie den Kopf zur Seite.

→ Beugen Sie sich nicht über den Hund. Gehen Sie in die Hocke und warten Sie ab, bis er zu Ihnen kommt.

→ Streicheln Sie den Hund nicht am Kopf. Berühren Sie ihn an der Seite und am Rücken.

Drüberbeugen, Umarmen und Durchknuddeln ist eine sehr freundliche Begrüßung unter Menschen, aber nicht jeder Vierbeiner schätzt sie.

→ Sagen Sie nichts. Warten Sie die erste Kontaktaufnahme ab, dann erst sprechen Sie den Hund mit freundlicher Stimme an.

→ Lächeln Sie nicht. Lassen Sie Ihre Zähne bedeckt und Ihre Gesichtszüge entspannt.

Diese Regeln gelten für Hunde, an deren Begrüßung und Kennenlernen Sie Interesse haben. Sie erreichen dadurch, dass ein Hund sich in Ihrer Nähe sofort wohlfühlt und sich entspannt. Für positive Erfahrungen haben Hunde ein Elefantengedächtnis. Es lohnt sich also, sich von seiner freundlichen „Hundeseite" zu zeigen.

Drehen Sie sich weg

Möchten Sie mit dem Hund nicht in Kontakt treten, drehen Sie sich deutlich weg, wenn er auf Sie zugelaufen kommt. Signalisieren Sie mit Ihrer gesamten Körpersprache Desinteresse und sprechen Sie den Hund nicht an. Bleiben Sie dabei ohne jede Anspannung stehen. So verliert der fremde Hund schnell die Lust an Ihnen und trollt sich. Überhaupt: Das Wegdrehen ist ein extrem deutliches Mittel in der Körpersprache zwischen Mensch und Hund. Nutzen Sie es, wenn ein Hund mit zu viel Energie ungebremst auf Sie zugestürmt kommt. Will er an Ihnen hochspringen, dann drehen Sie sich sofort um und stellen sich aufrecht hin. Das Hochspringen und Übers-Gesicht-lecken-Wollen ist unter Hunden ein freundliches Verhalten und evolutionär erklärbar (Wolfswelpen wurden daraufhin gefüttert, wenn das Rudel von der Jagd zurückkam). Trotzdem: Gewöhnen Sie Ihrem Hund das Hochspringen ab. Jeder Gast Ihres Hauses wird das zu schätzen wissen.

→ Hand hinhalten?

Der alte Rat: „Halten Sie einem fremden Hund die Hand hin!"
Der neue Rat: „Lassen Sie das lieber!" Zu oft wurde in diese freundlich hingehaltenen Hände schon gebissen – in Verwechslung mit einem Spielzeug, in falscher Erwartung eines Leckerbissens, in (spielerischem) Übermut.

Die abgewendete Körperhaltung des Mannes sagt deutlich: „Sorry, kein Interesse!" Das versteht der Hund sofort.

Besser: Gehen Sie in die Hocke und warten Sie, bis der Hund zu Ihnen kommt. Dann können Sie ihn am Rücken kraulen. Das finden Zwei- und Vierbeiner klasse!

Los, los, los!

Mach was, Mensch!

Hunde schlafen bis zu 16 Stunden am Tag. Wenn sie wach sind, wollen sie „Action"!

Hunde schlafen circa 16 Stunden am Tag. Es bleiben acht wache Stunden übrig. Wie viele Stunden davon ist Ihr Hund in Aktion? Zwei Stunden auf dem Spaziergang oder drei? Sehr schön. Bleiben noch fünf Stunden. Ein bisschen fressen, ein bisschen im Garten schnuppern, ein bisschen im Auto mitfahren, am Kauknochen nagen, um den Esstisch tanzen und in der Küche herumlungern, in der Hoffnung auf einen Leckerbissen ... Gut, da bleiben bestimmt noch ein, zwei Stunden übrig, in denen Langeweile aufkommt. Da wendet sich der Hund gerne an seinen Menschen mit der Botschaft: „Mach was mit mir!"

Pfote aufs Knie

Das klare Signal des Hundes: Ich will was von dir! Der Hund legt Ihnen die Pfote auf das Knie und meist schaut er Ihnen direkt ins Gesicht. Sein ganzer Körper strahlt aus, dass etwas passieren soll. Das kann je nach Alltagsrhythmus des Hundes, Uhrzeit und Wochentag etwas anderes sein – der Hund wartet auf den Spaziergang, erinnert an die Fütterungszeit oder fordert zu einem Spiel auf. Was machen Sie? Nichts! Stehen Sie auf, damit die Pfote von Ihrem Knie verschwindet. Fertig! Natürlich können Sie die Anregung annehmen und anschließend das Futter holen, doch lassen Sie den Hund kurz „Sitz!" machen, denn Sie geben die Aktivitäten vor und nicht Ihr Hund.

Kopf auflegen

Herrlich, wenn Hunde ihren Kopf aufs Knie legen und uns – rasseunabhängig – mit dahinschmelzendem Dackelblick anschauen. Ganz klar: sie brauchen

Wer kann schon diesen Augen widerstehen? Das hat der kleine Weimaraner schnell gelernt, dass er mit schmachtendem Blick fast alles erreichen kann.

dringend eine Hinter-den-Ohren-Massage! Was machen Sie? Na, streicheln natürlich! Allerdings sollten Sie ganz bewusst nicht jedes Mal darauf eingehen und selbst bestimmen, wann Sie damit aufhören. Wenn Schluss ist, ist Schluss, auch dann, wenn Ihr Hund der Meinung ist, es könnte ruhig noch etwas mehr sein.

Knurren

Wenn Ihr Hund nach einiger Zeit des Streichelns zu knurren beginnt, gehen Sie ab sofort nicht mehr auf seine Aufforderung ein, dass Sie ihn streicheln sollen. Das Knurren zeigt: „Ich habe gesagt, wann du anfangen darfst. Ich sage, wann du aufhören sollst.“ Hört man trotz des Knurrens nicht auf, kann er nach Ihnen schnappen.

Spielzeug bringen

Der Hund schleppt im Haus munter seinen Ball an und bringt unterwegs einen Stock. Was machen Sie? Ignorieren oder gar auffordern, den Ball oder den Stock abzugeben. Danach legen Sie ihn weg oder stecken ihn wortlos in die Tasche. Gerade beim Spiel gibt es Hunde, die kein Ende finden und regelrecht mit ihrem Balljagen-Wunsch nerven. Beherzigen Sie von jetzt an die Regel: Das Spielzeug gehört dem Menschen – der Mensch beginnt und beendet jedes Spiel!

Anstupsen

Beim Anstupsen ist es typisch, dass es von unten nach oben gerichtet wird und in ein Lecken übergeht. Es stammt aus der Welpenzeit, in der die jungen Hunde rund um die Zitzen der Mutter stoßen und lecken, um den Milchfluss anzuregen. Unter Hunden gehört es zu den Beschwichtigungsgesten.

→ *Alle Hunde sind Lassie!*

Hunde sind die einzige Tierart, die Menschen eigenständig auffordert, etwas für sie zu tun. Liegt der Lieblingsball unterm Schrank, läuft der Hund schnell zum Mensch und macht ihm z. B. durch Bellen und Zurücklaufen deutlich, was er will. Damit ist der Hund einzigartig und zeigt, wie sehr er auf das Zusammenleben mit dem Menschen spezialisiert ist!

Gegenüber dem Menschen wird es entweder als Aufforderungsgeste eingesetzt oder es gehört zum Körperkontakt. In dieser Situation sollten Sie es dulden und es ihm nicht verbieten.

„Wirfst du mir den Ball?“ Sagen Sie nicht immer ja!

Vorsicht:

Schlechte Laune!

Jeder Hund hat sein ganz eigenes Temperament – das ist natürlich durch die Rasse, die Persönlichkeit und oft durch das Alter beeinflusst. Dazu kommt die individuelle Tagesform. Und da gibt es Tage, an denen dem Hund eine Laus über die Leber gelaufen ist, er besonders empfindlich reagiert und schneller erregbar zu sein scheint. Gehen Sie also immer davon aus, dass Ihr Hund heute anders reagieren kann als gestern. Schauen Sie auf seine Körpersprache!

Krallen schneiden & Co.

Fellpflege und Pfotenpflege kann man Profis wie Tierfriseuren überlassen. Macht man es selbst, erntet man von seinem Vierbeiner nicht immer Applaus. Gerade beim Krallenschneiden kommt es oft zu Protesten von der Hundeseite. In solchen Situationen zeigt Ihr Hund seine schlechte Laune deutlich. Der erste Impuls: Er will weg. Geht das nicht, weil Sie ihn festhalten, zeigt er sein Unwohlsein. Die Ohren sind angelegt, die Rute eingeklemmt, die ganze Mimik ist alles andere als souverän.
Hat der Hund mit seinen Fluchtversuchen und körpersprachlichen Signalen keinen Erfolg, droht er: Er knurrt, bellt drohend oder schnappt. Lässt man noch immer nicht locker, kann aus dem Schnappen ein Biss werden. Fühlt sich der Hund bedrängt (Begrenzung durch Wände oder mehrere Personen, die ihn „umstellen"), reagiert er schneller aggressiv als sonst. Seine Alarmglocken schrillen, und auch der bravste Hund wird innerlich so sehr unter Druck geraten, dass er um sich schnappen könnte.

Diese Hündin zeigt Abwehrverhalten, weil sie sich vom Menschen bedroht fühlt (plötzliches Anfassen).

Aufhören oder weitermachen?

Ob es bei Ihrem Hund die Schönheitspflege ist oder etwas anderes, das ihn auf die Palme bringt: Sie sollten an dem Verhalten arbeiten. Die allererste und wichtigste Frage lautet: Sollten Sie seinen Drohungen folgen und Ihr Vorhaben einstellen? – Ja! Es lohnt sich nicht, sich vom Hund beißen zu lassen. Überlegen Sie, wie Sie die Situation anders lösen können.

Üben Sie in kleinen Schritten: Bürsten Sie, fassen Sie den Hund an und belohnen Sie ihn immer wieder mit Leckerchen, solange er stillhält und sich alles gefallen lässt. Wenn Sie die ersten Anzeichen von Unwohlsein erkennen, entlassen Sie ihn. Steigern Sie die Zeit nach und nach, bis es für den Hund keine Tortur mehr ist.

Im Hier und Jetzt

Hunde leben im Hier und Jetzt. Sie kommen morgens fröhlich angelaufen und denken nicht darüber nach, dass sie noch wegen der falschen Futtersorte am Abend zuvor sauer sind. Aus diesem Grund können Sie schlecht gelaunte beziehungsweise angespannte Hunde sehr gut beeinflussen, um deren Erregungszustand zu ändern – z. B. durch Bewegung oder Ruhe.

Bewegung

Bewegung hilft, wenn der Körper des Hundes starke Anspannung zeigt, sei es in Richtung Aggression oder in Richtung Unwohlsein. Das Bewegen lockert die Muskulatur und löst somit Verspannungen. Perfekt ist ein lockeres Traben am Rad oder neben Ihnen beim Joggen. Machen Sie einen normalen Spaziergang, vermeiden Sie dabei aufputschende Spiele.

Bewegung hilft, Spannungen abzubauen und überschüssige Energie loszuwerden.

In der Ruhe liegt die Kraft

Bringen Sie Ruhe in die Angelegenheit, wenn Ihr Hund unruhig und unkonzentriert ist. Er läuft hier hin, bellt da, schnüffelt dort. Helfen Sie ihm, innerlich anzukommen, und schicken Sie ihn in sein Körbchen. Belohnen Sie ihn, wenn er dort bleibt. Achten Sie darauf, dass alle Familienmitglieder den Hund an diesem Ort wirklich in Ruhe lassen. Geben Sie Ihrem Hund eine Auszeit – für bessere Laune!

Durch Üben von Welpenbeinen an lernen Hunde, dass sie selbst für sie unangenehme Dinge wie Umarmen dulden müssen.

Schon gehört?

Ich bell dir was!

Hunde brauchen beim Bellen keinen Dolmetscher. Die Situation und die Körpersprache des Hundes sagen bereits alles. Das Bellen allein drückt Verschiedenes aus.

Bellen hat verschiedene Bedeutungen, die von „Hallo, ich freu mich!" bis „Bleib fern" reichen.

Los, komm und spiel mit mir!

Ihr Hund bellt Sie an. Er schaut Ihnen deutlich ins Gesicht. Meist sitzt er vor Ihnen oder hüpft um Sie herum und bellt, und bellt, und bellt. Sie ahnen oder wissen, was er sagen will: „Gib mir doch endlich den Ball!", oder: „Lass mich in den Garten!" Wollen Sie dieses Bellen abstellen, ignorieren Sie es. Daraufhin wird Ihr Hund sich zuerst einmal ordentlich in Rage bellen. Merkt er, dass er keinen Erfolg hat, wird er es lassen – auch wenn es einige Zeit dauern kann. Sobald er die Schnauze hält, wenden Sie sich Ihrem Hund zu: Lassen Sie ihn einige leichte Übungen machen. Anschließend zücken Sie den Ball oder öffnen die Tür.

Mir ist so langweilig!

Auch Hunde können sich langweilen. Sie fangen an, an der Tür zu bellen oder am Zaun. Sie bellen nicht aggressiv, aber je öfter sie das machen, desto länger dauert es an. Bellen ist ein selbstbelohnendes Verhalten. Von allein wird er nicht wieder aufhören. Beschäftigen Sie Ihren Hund und machen Sie ihn müde. Nehmen Sie ihn ans Rad oder bereichern Sie Ihre Spaziergänge

Hunde bellen aus verschiedenen Gründen: Es kann eine Aufforderung zum Spiel sein, aber auch aus Langeweile.

durch Spiele; gerade Schnüffelspiele lasten Hunde aus. Oder betreiben Sie Hundesport: Agility, Flyball, Frisbee, Obedience, Dog Dancing – es gibt viele Angebote. Eines wird auch Ihnen Spaß machen!

Ich habe Angst

Bellt Ihr Hund aus Unsicherheit, Angst oder Panik, wird er das Bellen nicht abstellen, wenn Sie ihn ignorieren. Es ist auch keine Frage der Auslastung. Hier müssen Sie gegen seine Angst vorgehen. Ist es „nur" Unwohlsein, reduzieren Sie alles, was Ihren Hund irritiert. Erklären Sie Gästen zum Beispiel, sich nicht über den Hund zu beugen. Handeln Sie souverän und nehmen Sie Ihren Hund aus Situationen, die ihm Angst machen, heraus. Oft brauchen Sie bei Angstproblemen professionelle Unterstützung.

Mein Revier!

Viele Hunde bellen, wenn sie hinter dem Zaun stehen. Das heißt so viel wie: „Hau ab! Das ist mein Revier!" Hinter dem Zaun ist man stark und kann gut die anderen anpöbeln, doch so weit sollten Sie es gar nicht kommen lassen. Wie Sie das Zaunbellen in den Griff bekommen, lesen Sie auf Seite 44.

Einsam und allein

Es ist kein lautstarker Protest. Das Bellen beim Alleinbleiben ist ein Anzeichen von Stress. Geht das Bellen in Heulen über, versucht Ihr Hund, sein Familienrudel wieder zusammenzurufen. Da hilft nur: Bauen Sie das Alleinbleiben mit einem speziellen Training neu auf und nutzen Sie schnelle Hilfsmittel:

- → Lassen Sie Ihrem Hund ein mit Leckerbissen gefülltes Spielzeug da. Das beschäftigt ihn!
- → Verzichten Sie auf große Abschiede und Begrüßungen. Ihr Kommen und Gehen soll wie selbstverständlich ablaufen.
- → Begrenzen Sie den Raum, den Ihr Hund in Ihrer Abwesenheit zur Verfügung hat – er muss nicht durch das ganze Haus laufen können. Denken Sie immer daran, dass er sein Körbchen und Wasser braucht.

„Bleib fort!" Dieser Hund fühlt sich bedroht und bittet um Abstand.

EXTRA

Menschensprache

Kommando? Signal!

Ändern Sie ein Wort! Tauschen Sie den Begriff „Kommando“ gegen das Wort „Signal“ aus. Denn „Sitz!“, „Platz!“ und Co. sind ein Weg, sich mit Ihrem Hund auszutauschen. Dabei stellen Sie sich Ihre Signale vor wie das Ampelsignal. Geht es auf Grün, dann fahren Sie los. Es ist eine verbindliche Vereinbarung, der Sie folgen – kein Befehl!

Hunde verstehen nur wenige Worte, deren Bedeutung sie erst mühevoll lernen mussten. Versuchen Sie es doch mal mit Körpersprache, das erleichtert Ihrem Hund das Leben.

Wortlos glücklich

Ihr Hund versteht kein Wort. Er hat in seinem Gehirn kein Zentrum für Spracherwerb oder Sprachverständnis. Was er lernt: Bestimmte Laute des Menschen mit einem bestimmten Verhalten zu verknüpfen, wie z. B. „Sitz!“ mit dem Hinsetzen.

Warum Schweigen im Austausch mit dem Hund oft besser ist? Weil unser Wortschwall missverständlich aufgenommen werden kann. Zum Beispiel: Ihr Hund bellt und Sie meckern: „Sei still, bleib jetzt endlich ruhig!“ Das klingt in den Ohren des Hundes wie unterstützendes Mitbellen. Oder: Ihr Hund ist ängstlich in einer bestimmten Situation und Sie sagen: „Bleib ruhig, mein Lieber, alles in Ordnung, gleich hast du es geschafft!“ Doch durch Ihre Worte, deren Inhalt er ja nicht versteht, fühlt er sich in seiner Angst bestätigt: „Das scheint wirklich eine besondere Situation zu sein, auch mein Mensch schenkt ihr besondere Aufmerksamkeit. Da bleibe ich lieber vorsichtig.“ Also, im Zweifel lieber schweigen!

Fröhlich zusammenarbeiten

Nutzen Sie für Hundesportarten wie für Alltagsübungen ein Training, das jedes richtige Verhalten Ihres Hundes positiv bestärkt. Sprechen Sie dabei mit Ihrem Hund sehr, sehr freundlich, richtig fröhlich, wenn Sie ihn loben. Und nutzen Sie die Sprache, die durch den Magen geht: Leckerli. Ist das Bestechung? Viel zu menschlich gedacht! Leckerli sind Ihre Chance, ein Verhalten zu einem Erfolg für den Hund zu machen. Und Hunde wiederholen erfolgreiches Verhalten. Gehen Sie noch einen Schritt weiter und nutzen Sie das Clicker-Training, dann spre-

chen Sie durch Click + Leckerbissen eine besonders deutliche Sprache, die Ihr Training mit dem Hund beschleunigt.

Das will ich nicht!

Ein scharf ausgesprochenes „Nein!“ oder „Stopp!“ sind Signalwörter, auf die Ihr Hund reagiert. Doch: Verwenden Sie sie wirklich extrem deutlich und extrem selten, sonst nutzen sie sich ab, weil sie leicht im Wortschwall untergehen.

Was sich nie abnutzt: die Körpersprache. Bewegen Sie sich bewusst, wenn Sie mit Ihrem Hund agieren. Wollen Sie etwas nicht, wenden Sie sich deutlich ab oder gehen Sie weg. Dieses „Nein!“ versteht Ihr Hund auf Anhieb, denn Hunde machen es genauso.

Ihre Körpersprache

Wenn Sie sich mit Ihrem Hund austauschen, achten Sie auf die Grundregeln der hündischen Höflichkeit:

- → sich seitlich Richtung Hund bewegen, nicht frontal
- → den Blick abwenden, ohne direkt in die Augen zu sehen
- → sich klein machen, statt sich groß über den Hund zu beugen

So kann Ihr Hund entspannt mit Ihnen umgehen und sich auf Ihre Botschaften konzentrieren.

Zeigen Sie sich souverän

Weder hilft es, einen Hund anzubrüllen, noch zu schütteln oder anders körperlich auf ihn einzuwirken. Was ihn wirklich beeindruckt: Ihre Sicherheit, Ihre Coolness und die zeigen Sie Ihrem Hund so:

- → klare EINZELNE Worte
- → deutliche KÖRPERLICHE Haltungen
- → wirkliche FREUNDLICHKEIT in der Stimme
- → entschiedene TATEN im Alltag

Tipp für „Komm!“

Wenn Sie Ihren Hund zu sich rufen, achten Sie auf Ihre Körpersprache: Stehen Sie locker da, starren Sie Ihren Hund nicht an und machen Sie sich im Zweifel eher klein. Hocken Sie sich auch beim Anleinen hin. Kleine Gesten, die bei Ihrem Hund gut ankommen.

Richtig verstanden

Ich bin Schlichter!

Wenn Zwei sich streiten, schlichtet der Dritte.

Wir sind es gewohnt, menschliches Verhalten zu interpretieren. Was liegt näher, als hündisches Verhalten mit unserem menschlichen zu vergleichen und jede Ähnlichkeit als Bestätigung zu sehen: Hunde sind ja auch nicht anders als wir. Doch, das sind sie! Darüber hat Jean Donaldson ihr so kluges Buch „Hunde sind anders" geschrieben. Ohne jedes weitere Fachbuch werden Sie sofort verstehen, warum das so ist!

Die Individualdistanz

Es gibt einen Abstand, den ein (fremder) Körper von unserem eigenen haben sollte, damit wir uns wohlfühlen. Das ist bei Hunden nicht anders. Bleiben wir so stehen, dass man sich die Hände am leicht ausgestreckten Arm reichen kann, ist das für uns eine angenehme Distanz zum Gegenüber. Hunde empfinden einen gewissen Abstand zum anderen ebenfalls als wohltuend. Ein ordentliches „Bei Fuß" ist darum keine leichte Übung. Auch kurze Leinen, stark überfüllte Räume oder Orte sind für Hunde unangenehm, unterschreiten doch alle Hunde und Menschen ihre Individualdistanz.

Provokation vermeiden

Mit diesem Wissen kann man nun die oft zitierte hündische „Eifersucht" zu den Akten legen, ergänzt man sein hundesprachliches Wissen um das

Die Dogge und die Bordeauxdogge fixieren sich, der schwarze Hund versucht beschwichtigend zu schlichten.

Zwischen den Menschen ist die Individualdistanz eindeutig unterschritten. Aus Hundesicht höchste Zeit, um die beiden zu trennen.

Schlichten. Stehen zwei Hunde sehr eng zusammen, ist das oft eine Provokation, die einen Konflikt auslösen kann. Es entsteht eine Spannung zwischen den beiden Hunden. Was macht dann ein sensibler dritter Hund? Er schlichtet! Er stellt sich zwischen die beiden und versucht sie so zu trennen. Die Anspannung wird sofort abgebaut (oder der Hund gerät mitten in den Konflikt).

Definitiv keine Eifersucht!

Umarmen sich zwei Menschen lange und eng oder sitzen aneinandergekuschelt auf dem Sofa, ist für uns Menschen klar: zwei Liebende, zwei, die sich sehr gut verstehen. Doch für Hunde ist die Individualdistanz bei Weitem unterschritten. Für ihn ein Alarmsignal, dort könnte ein Konflikt entstehen. Darum gehen Hunde häufig hin und versuchen, die umschlungenen Menschen zu trennen. Sie wollen einen Streit vermeiden. Sie schlichten im hündischen Sinne. Mit Eifersucht auf die Liebe des einen Menschen zum anderen hat das gar nichts zu tun.

Schäm dich?

Könnten Hunde sich für ein Verhalten schämen, müssten sie zuvor wissen, dass sie etwas Verbotenes tun beziehungsweise getan haben. Hunde handeln aber nicht im Rahmen menschlicher Werte. Was sie als scheinbar schlechtes Gewissen zeigen, sind beschwichtigende Signale, da sie an unserer Körperhaltung schon ablesen, dass wir sauer sind und eine Strafe bevorstehen könnte. Der Hund versteht nicht, dass sich die Strafe auf das stibitzte Butterbrot von vor einer halben Stunde bezieht, sondern fühlt sich für das bestraft, was gerade geschieht. Und im Moment begrüßt er Sie freundlich. Wenn Sie jetzt schimpfen, schaden Sie nur Ihrem Vertrauensverhältnis.

→ *Nur Mut!*

Mut zu zeigen bedeutet, beherzt zu handeln, auch wenn der Ausgang nicht sicher oder der Erfolg eher unwahrscheinlich ist. Hunde sind in diesem Sinne nicht mutig. Bei ihnen ist alles eine Frage der Motivation: Ist der Hunger sehr groß, wird ein größeres Risiko eingegangen.

Hilfe:

Stress!

Stress gehört zum Hundeleben. Hält er über lange Zeit an, macht er Hunde krank.

Hunde haben keinen Termindruck, keine Vereinbarkeitskrise zwischen Familie und Beruf, keinen fixen Abgabetermin für ein Projekt – und dennoch können sie gestresst sein. In der Tat sind viele Hunde oft gestresst und zeigen das ihren Menschen deutlich. Die Anzeichen von Stress zu erkennen und zu verstehen, hilft Missverständnisse zu vermeiden. Das macht das Leben für den Hund angenehmer.

Die biologische Funktion

Hunde brauchen Stress – und Stresshormone. Sie ermöglichen dem Hund, beim Anblick eines Beutetiers genügend Energie aufzubringen, um es zu jagen. Ebenso setzt Stress die Kraft frei, um zu fliehen oder auch zu kämpfen. Das heißt: Stress gehört zum gesunden Selbsterhaltungstrieb des Hundes. Wichtig ist allerdings, dass Stress ein kurzfristiger Zustand ist und nicht dauerhaft anhält. Bei Mensch wie Hund kommt es sonst zu Erkrankungen – körperlichen und psychischen. Da Stress häufig auftritt, wenn Hunde sich mit etwas Neuem auseinandersetzen müssen, kann es passieren, dass der Hund für den Moment unfähig ist, zu lernen.

Stress erkennen

Die Anzeichen für Stress überschneiden sich mit den Signalen für Angst, Unterwerfung und einigen Beschwichtigungssignalen.

So wichtig wie das einzelne Verhalten bleibt also immer die Beurteilung der Gesamtsituation, in der sich der Hund gerade befindet. Typische Stresssymptome haben Martina Nagel und Clarissa von Reinhardt in ihrem Buch „Stress beim Hund" zusammengestellt:

- Nervosität, Ruhelosigkeit, Überreaktionen
- Kot und Urin absetzen – gerade das Unter-sich-Pinkeln
- Aufreiten – besonders bei gemischten Hundegruppen
- Übertriebene Körperpflege – bis zum Wundlecken
- Zerstörung von Gegenständen und Dauerbellen
- Allergien, Durchfall, Erbrechen
- Appetitlosigkeit oder Fresssucht
- Körpergeruch und Hautprobleme
- Hecheln, zittern, um sich schnappen (z. B. nach Fliegen)
- Schütteln, am Halsband kratzen, weitere Übersprunghandlungen

Häufiges Kot- oder Urinabsetzen oder Sich-am-Halsband-Kratzen können Stresssymptome sein.

Unkonzentriertes Verhalten

Wenn im Training gar nichts mehr klappt und der Hund nur noch wegschaut, sich wegdreht, dann ist es Zeit für eine Pause. Ein kurzer Spaziergang, einen Tag Auszeit. Der Hund war mit dem bisherigen Ablauf offensichtlich überfordert. Geben Sie ihm nun neue Sicherheit durch das Wiederholen bekannter Übungen und starten Sie anschließend neue Trainingsaufgaben in kleineren Schritten.

Klare Strukturen im Alltag

Da Stress sehr unterschiedliche Ursachen haben kann, gibt es kein Patentrezept, um den Stresslevel abzubauen. Was neben Trainingspausen und kleineren Übungsschritten hilft, ist den Alltag mit Hund zu überprüfen. Hunde lieben regelmäßige Abläufe, das gibt ihnen Sicherheit. Jede Veränderung stresst den Hund – gerade Umzüge oder Urlaube. Achten Sie in diesen Zeiten noch mehr auf feste Tagesstrukturen: Fütterzeiten, Beschäftigung, Spaziergang, ungestörter Schlaf können sehr gut helfen. Wird Stress durch viel Trubel oder äußere Faktoren ausgelöst, versuchen Sie, diese zu reduzieren oder ganz vom Hund fern zu halten.

Der Australian Shepherd wendet sich deutlich von seinem Herrchen ab. Desinteresse? – Nein, die Situation überfordert ihn gerade und er zeigt deutlich Anzeichen von Stress.

Tief durchatmen

Und: Atmen Sie selbst neu durch und entspannen Sie sich. Vielleicht spiegelt Ihr Hund nur Ihr Verhalten wider!

→ Unterforderung

Tatsächlich ist nicht nur Überforderung ein Grund für Stress, gerade die Unterforderung ist bei Hunden häufig ein Grund für gestresstes Verhalten wie das Wundlecken der Pfoten. Immer eine gute Therapie: Beschäftigen Sie Ihren Hund, und, besser noch, beschäftigen Sie sich mit Ihrem Hund!

Wichtig zu erkennen

Aua – Schmerzen!

Man wirft den Ball, der Hund rennt. Vielleicht war seine Muskulatur noch nicht warm oder er ist in ein Loch getreten, denn der Hund bringt den Ball zurück und hält eine Pfote hoch. Das ist ein deutliches Zeichen für eine Verletzung, Verstauchung oder ein Vertreten. Oft humpelt er nach wenigen Schritten nicht mehr und stürmt fröhlich weiter. Trotzdem: Genau hinsehen!

Hunde, die Schmerzen haben, können aggressiv reagieren.

Wenn es wehtut

Über das Schmerzempfinden von Tieren kann man streiten. Untersuchungen über Schmerz-Reizschwellen haben gezeigt, dass Hunde Schmerzen besser aushalten als Menschen. Hunde mit Schmerzen zeigen grundsätzlich zwei Verhaltensweisen:

1 Sie werden sehr empfindlich, reagieren gereizt und werden schnell aggressiv.
2 Sie lassen sich überhaupt nichts anmerken.

Es hängt natürlich von der Art der Verletzung oder Erkrankung ab, wie der Hund reagiert und damit umgeht. Gerade der erste Fall, also die Empfindlichkeit, die oft mit Aggressivität aus Angst und Unsicherheit einhergeht, tritt häufig nach Unfällen auf. Aus diesem Grund gehört in jede Erste-Hilfe-Ausstattung für Hundebesitzer ein Maulkorb – ja, für Ihren eigenen Hund. Sie wissen nicht, wie er unter Schock auf Ihr Anfassen reagiert, ob er Sie „wegbeißen" will, weil ihm Ihre Berührung wehtut. Denn: Instinktiv versuchen alle Lebewesen, schmerzhaften Erfahrungen auszuweichen.

Schleichende Veränderungen

Akute Schmerzen zeigt der Hund deutlich an. Er leckt an einer bestimmten Stelle, kratzt sich permanent, hält ein Bein hoch oder fiept. Einige Leiden des Hundes bemerken Besitzer nicht sofort, wie zum Beispiel Rückenprobleme oder eine schleichende Verschlechterung im gesamten Bewegungsapparat. Es entwickelt sich langsam, und der Hund geht dazu über, sich einen anderen Bewegungsablauf anzugewöhnen. Daher sollte man ihn ab und zu dem Fachmann vorzustellen – dem Tierarzt oder einem gut ausgebildeten Tier-Physiotherapeuten. Sie sehen, ob der Hund ein Bein entlastet und stattdessen eine andere Pfote überlastet, weil er das schmerzende Bein schonen will.

Veränderungen im Alter

Auch Hunde werden älter und sie bekommen auch Alterserkrankungen wie beispielsweise Arthrose. Eine schmerzende Hüfte kann den alten Kerl grummelig machen. Er wirkt gereizt, wenn man ihn an der falschen Stelle anfasst, er kommt nach einem Schläfchen schwerer auf die Beine und er hüpft auch nicht mehr locker-flockig in den Kofferraum, sondern wartet auf seinen persönlichen Zivi, der ihm ins Auto hilft. Gehör und Augenlicht können ebenfalls nachlassen. Plötzlich hört er nicht mehr, wenn Sie ihn rufen, er erschrickt, wenn sich jemand nähert, und er schläft genüsslich weiter, während Sie in der Küche mit seiner Futterschüssel klappern. So etwas wäre ihm in jungen Jahren nie passiert! Manche Hunde werden auch ein wenig schrullig: Schlägt man einen Weg ein, der ihnen heute nicht passt, schleichen sie hinterher und tun so, als würden sie auf der Stelle zusammenbrechen. Sobald man die vom Hund gewünschte Route einschlägt, läuft derselbe Hund munter vorneweg, ist quietschlebendig und vergnügt. – Nehmen Sie es mit Humor!

Ältere Hunde haben ihren eigenen Kopf, doch dafür besitzen sie einen ganz besonderen Charme.

→ Wie „sprechen“ kranke Hunde?

Anders Hallgren weist zurecht darauf hin: Hat der Hund Schmerzen oder ist irritiert von einem Vorgang in seinem Körper, funktioniert auch sein Sozialverhalten schlecht. Eine Krankheit oder Verletzung beeinträchtigt die Körpersprache des Hundes.
So kann es bei Hundebegegnungen zu unerwarteten tierischen Missverständnissen kommen.

Nichts als:

Panik!

Panik ist mehr als Unsicherheit und anders als Angst. Panik macht blind und taub für alles. Panische Hunde sind zu nichts zu bewegen. Sie ist auf einmal da oder steigert sich langsam von Unsicherheit zu Angst und zu Panik. Es ist fast unmöglich, einen panischen Hund zu beeinflussen. Vielleicht kann man eine kleine Rasse noch im Zaum halten, doch wie beeinflusst man einen panischen Schäferhund?

Angst und Panik sind oft nicht vom Halter allein in den Griff zu bekommen. Man benötigt professionelle Hilfe und es kann lange dauern, bis der Hund seine Ängste abbaut.

Unterschlupf suchen

In Panik, die viele Hunde beispielsweise in der Silvesternacht erleben, verkriechen sie sich unter dem Sofa, dem Tisch, hinter dem Schrank, in der hintersten Ecke. Sie machen sich so klein wie möglich: Die Ohren sind angelegt, die Rute unter den Bauch geklemmt, der Rücken rund gemacht, die Beine werden eingezogen. Entweder sind sie starr oder sie bewegen sich seltsam hektisch im Kreis oder auch immer an der Wand entlang. Oft steigert sich ihr Speichelfluss und sie sabbern stark. In diesem Zustand fressen sie nicht und interessieren sich nicht für das beste Leckerli der Welt. Sobald der Auslöser für die Panik verschwunden ist, verhalten sich die Hunde wieder ganz normal.

Gedächtnis wie ein Elefant

Doch emotionale Erlebnisse merken sich Hunde sehr gut. Ähnelt sich die Situation, wird der Hund erneut panisch reagieren, vielleicht noch stärker als zuvor.

Ab in ein sicheres Versteck: Hunde, die Panik haben, verkriechen sich gern. Versuchen Sie nicht, Ihren Hund aus seiner Ecke zu holen, er könnte nach Ihnen schnappen.

Weit aufgerissene Augen, unsteter Blick, das Hundegesicht drückt deutlich Angst aus.

Darum gilt es: Achten Sie nicht nur auf den panischen Hund und reagieren erst dann. Achten Sie auf den Auslöser, auf das Verhalten vor der Panik. Hier haben Sie noch Einflussmöglichkeiten! Diese Anzeichen sind deckungsgleich mit den Stresssymptomen. Dazu gehört, dass ein Hund etwas zerstören kann, da er versucht, sich aus dieser Situation zu befreien. Nicht nur zum Wohle Ihrer Möbel brauchen panische Hunde ein professionelles Team, das hilft: Einen guten Tierarzt, der eventuell medikamentös eingreift, plus einen Verhaltenstrainer, der Ihnen hilft, den Hund bereits im Vorfeld so zu beruhigen, dass er gar nicht erst in Panik gerät.
Da ein Hund in Panik durchaus zum Angstbeißer werden kann, wenn Sie z. B. versuchen, ihn unter dem Schrank hervorzuholen, nehmen Sie tierische Panik bitte Ernst. Lassen Sie nicht zu, dass Ihr Hund zur Gefahr für sich, für Sie und für andere wird. Lassen Sie sich helfen, damit der Hund sich wieder entspannen kann!

Schweigen und handeln

Wie bei ängstlichen oder unsicheren Hunden gilt hier: Versuchen Sie panische Hunde nicht durch sanftes Einreden zu beruhigen. Aus Hundesicht ist das ein klarer Verstärker ihrer Gefühle – eine Bestätigung. Schweigen Sie, atmen Sie weiter, nehmen Sie eine lockere Körperhaltung ein und halten Sie sich an das Trainingsprogramm, das Sie gemeinsam mit Tierarzt und Tiertrainer entwickelt haben. Mitleid nützt Ihrem Hund nichts, nur Ihr durchdachtes Handeln!

→ *Hundeängste*

→ **Xenophobie** Die Angst vor Fremden ist in gewissem Maß normal – Hunde begegnen anderen zunächst immer mit Vorsicht.

→ **Klaustrophobie** Die Angst, sich in geschlossenen Räumen aufzuhalten, ist nicht die Angst vorm Alleinbleiben, sondern vor engen (dunklen) Räumen – so gehen Hunde z. B. ungern in Fahrstühle.

→ **Agoraphobie** Die Angst, sich an öffentlichen Orten oder weiten offenen Flächen aufzuhalten – gerade bei jungen Hunden zu beobachten und daran zu erkennen, dass die Hunde langsam, mit eingeknickten Gliedmaßen und vorgestrecktem Hals gehen. Hier hilft Gewöhnung durch kurze positive Erfahrungen!

Auf einen Blick

Das entspannte Miteinander

Kein Kontakt

In manchen Lebensphasen wie z. B. in der Pubertät kann die enge Bindung zwischen Hund und Halter fehlen. Der Hund schaut Sie nicht an, er kommt nicht zu Ihnen, er dreht sich auf Spaziergängen nicht nach Ihnen um und ignoriert Ihre Anwesenheit mit seiner gesamten Körpersprache.

In Kontakt

Rennen Sie nicht laut rufend hinter Ihrem Hund her. Ignoriert er Sie, nehmen Sie ihn vorübergehend an die Schleppleine, um notfalls eingreifen zu können. Bleiben Sie ein freundlicher und souveräner Chef: Sie sind konsequent, geben eindeutige Signale und meistern alle Situationen gekonnt. Ab und zu machen Sie auch mal Dinge, die für Hunde spannend sind: z. B. Mauselöcher ansehen und evtl. ein Leckerchen darin verstecken. Ihr Hund wird gerne zu Ihnen Kontakt aufnehmen und an Ihrer Seite bleiben.

Pflicht?

Wird Ihnen das Zusammensein mit Ihrem Hund zur Pflicht? Füttern, bei Regen rausmüssen, staubsaugen und Hundehaare auf dem guten Pullover? Schlimmer noch: Ihr Hund stört Sie mit seinen Macken? Oder es nervt Sie, dass Sie im Training nicht weiterkommen? Schauen Sie sich mal ins Gesicht, wenn Sie Ihrem Hund begegnen. Nichts als Anspannung!

Vergnügen!

Entspannen Sie sich! Kein Hund der Welt macht alles perfekt, und wenn Sie sich wieder entspannen, wird alles fast wie von selbst besser. Kümmern Sie sich unbedingt immer um Ihren Hund, egal wie viel Stress Sie haben. Konzentrieren Sie sich dabei auf ihn und darauf, wie gut es Ihnen mit ihm geht. Bleiben Sie locker, gerade in Ihrer Körpersprache. Ihre positive Ausstrahlung überträgt sich auf Ihren Hund! Er wird frisch motiviert und gern mit Ihnen zusammenarbeiten.

Feste Zeiten

Ob Fütter- oder Spaziergehzeiten – Hunde lieben feste Tagesabläufe. Das Kennen dieser Abläufe und das zuverlässige Handeln ihrer Menschen ist für Hunde ein wichtiger Faktor für mehr Lebensqualität, denn: Es gibt Hunden Sicherheit, und das tut ihnen richtig gut!

Spaß haben

Ob werfen, zerren oder suchen, Sie lasten Kopf und Körper Ihres Hundes aus und stärken das Band zwischen Ihnen. Für Spiele muss der Hund ein Grundtraining haben: „Sitz!“, „Sitz-bleib!“, „Platz!“ und „Platz-bleib!“ sind die Basis. Dazu kommt, dass Ihr Hund zuverlässig apportiert und „Gib's!“ beherrscht. Verwenden Sie für das Spielende ein Signalwort wie „Schluss!“ und denken Sie daran: Nutzen Sie für jede Botschaft Ihre Körpersprache!

Bildnachweis

116 Farbfotos wurden von Vivien Venzke/Kosmos für dieses Buch aufgenommen. Weitere Farbfotos von Melanie Grande/Kosmos (2; S. 66, 67), Juniors Bildarchiv (4; S. 8, 9 beide, 53), Reinhard Tierfoto (3; S. 42 beide, 43); Christof Salata/Kosmos (1; S. 65), Horst Streitferdt/Kosmos (1; S. 55), Sabine Stuewer/Kosmos (6; S. 1 u., 17, 32, 54, 55 u., 57); Sabine Stuewer (4; S. 25, 28 o. & m., 64).

Impressum

Umschlaggestaltung von eStudio Calamar unter Verwendung eines Farbfotos von Sabine Stuewer (großes Bild) und zwei Farbfotos von Vivien Venzke/Kosmos (kleines Foto und U4).
Das Titelfoto zeigt zwei Jack Russell Terrier-Welpen.

Mit 141 Farbfotos.

> Alle Angaben in diesem Buch erfolgen nach bestem Wissen und Gewissen. Sorgfalt bei der Umsetzung ist indes dennoch geboten.
> Der Verlag und die Autorin übernehmen keinerlei Haftung für Personen-, Sach- oder Vermögensschäden, die aus der Anwendung der vorgestellten Materialien und Methoden entstehen könnten.

Unser gesamtes lieferbares Programm und viele weitere Informationen zu unseren Büchern, Spielen, Experimentierkästen, DVDs, Autoren und Aktivitäten finden Sie unter **www.kosmos.de**

Gedruckt auf chlorfrei gebleichtem Papier

ISBN 978-3-440-11141-3
Redaktion: Alice Rieger
Gestaltungskonzept: solutioncube GmbH, Reutlingen
Gestaltung & Satz: Atelier Krohmer, Dettingen/Erms
Produktion: Eva Schmidt
Printed in Germany / Imprimé en Allemagne